三上真史の趣味の園芸のはじめかた

Masashi Mikami's How to Start "Shumi no Engei"

NHK出版

まずは園芸店へ行ってみよう!

園芸店は出会いの場所。
季節によって並ぶ植物は変わり、
行くたびに新しい発見がある。
お気に入りの植物を探してみよう。

きょうは
どんな植物に
出会えるかな

お気に入りを見つけたら、さあ、育てよう

Masashi Mikami

三上真史

みかみ・まさし／園芸デザイナー・タレント。1983年6月20日生まれ。2011年より2021年までNHK「趣味の園芸」の司会を務め、同年4月より講師。多くの花や緑を栽培してきたほか、フラワーアレンジメントや華道もたしなみ、ガーデンコーディネーター、フラワーデザイナーの資格をもつ。YouTube「三上真史の趣味は園芸チャンネル」も配信中。

目次

part 1 はじめる編 P.9

私のおすすめを紹介します！

hint!

part 2 そだてる編 P.35

毎日のお世話や作業の秘けつ！

hint!

part 3 たのしむ編 P.79

植物の可能性は無限大！

本書の使い方

本書は植物を育てるために
必要な知識や技術、楽しみ方などを
3つのパートに分けて解説しています。

part	
① はじめる編	園芸を始める際にまずは知っておいてほしい、植物の種類や特徴、苗の選び方などです。
② そだてる編	季節ごとの植物のようす、置き場所、水やりや肥料、植え方など、実際に栽培するうえで知っておいたほうがよいことです。
③ たのしむ編	寄せ植えの方法や草花をきれいに見せる飾り方、鉢の活用法など、日々の生活のなかで楽しみながら植物と暮らす方法です。

これから園芸を始める方でもわかっていただけるように、なじみの薄い園芸用語や言い回しはできるだけかみ砕いて説明するとともに、覚えておいたほうが便利な言葉については、本文の右側に語句説明を入れています。また、できるだけ写真やイラストを多用し、ビジュアルでもわかるようにしました。
持ち運びに便利なA5サイズの本なので、いつも手元に置いて、気になる作業が出てきたらすぐにページをめくって参照してください。

- 植物名は「バラ科サクラ属」のように学術的名称として扱う場合はカタカナで表記しています。また、基本の植物を交配させて人工的につくった園芸品種はシングルクォーテーション（' '）で囲っています。
- 本書は関東地方の平地を基準にして説明しています。地域や気候により、生育状態や開花時期、作業適期などは異なります。
- 種苗法により、種苗登録された品種については譲渡・販売目的での無断増殖は禁止されています。また、品種によっては、自家用であっても譲渡や増殖が禁止されており、販売会社と契約を交わす必要があります。挿し木などの栄養繁殖を行う場合は、事前によく確認しましょう。

はじめる編

私のおすすめを紹介します!

自ずと"枯れる"一年草で基礎を身につける

「ちゃんと植物を育てたことがないんですけど、何から始めたらいいでしょうか?」

このような質問をいただくことがありますが、はじめての方には**一年草**(いちねんそう)*から育て始めることをおすすめします。一年草は1年以内に成長のサイクルを終える植物なので、どんな方が育てても自ずと枯れます。

「植物を枯らすこと」は多くの方が気にされていて、「サボテンを枯らしたことがあるくらいなので、とても無理です」なんていわれることも。でもじつは、乾燥に強いサボテンですが、上手に育てるにはポイントを押さえないと簡単ではない植物の1つなんです。まずは自ずと"枯れる"一年草からスタートして、経験を積むのがおすすめです。最初から枯れるとわかっていれば、心のハードルは一気に下がりますし、一年草を育てながら、植えつけや水やり、切り戻しなど、ほかの植物を育てる際に必要な作業も経験できます。

1年目を無事に乗り越え、最後にタネまでとることができたら、次はタネまき(P.66)に挑戦してみるのもいいですね。そして一年草と似た管理で育てられる**多年草**(たねんそう)、**宿根草**(しゅっこんそう)*など、少しずつ新しい植物をお迎えし、ステップアップしていきましょう。右ページの植物のイメージチャートも参考にしてみてください。

＊ 一年草

タネをまいてから1年以内に、花が咲き、タネをつけて子孫を残し、枯れていく草花のこと。

＊ 多年草、宿根草

花が咲き、タネをつけたあとも枯れずに、何年も生育し続ける草花の総称。園芸的には地上部が枯れるものを宿根草、枯れないものを多年草と呼び分けることが多い。

一年草には
長くたくさん咲く
種類がいっぱい
あります!

植物のイメージチャート

植物をそれぞれのカテゴリごとに、
草と木を横軸、寿命を縦軸として
チャート化してみました。
植物によっては
両方の特性をもつものもあります。

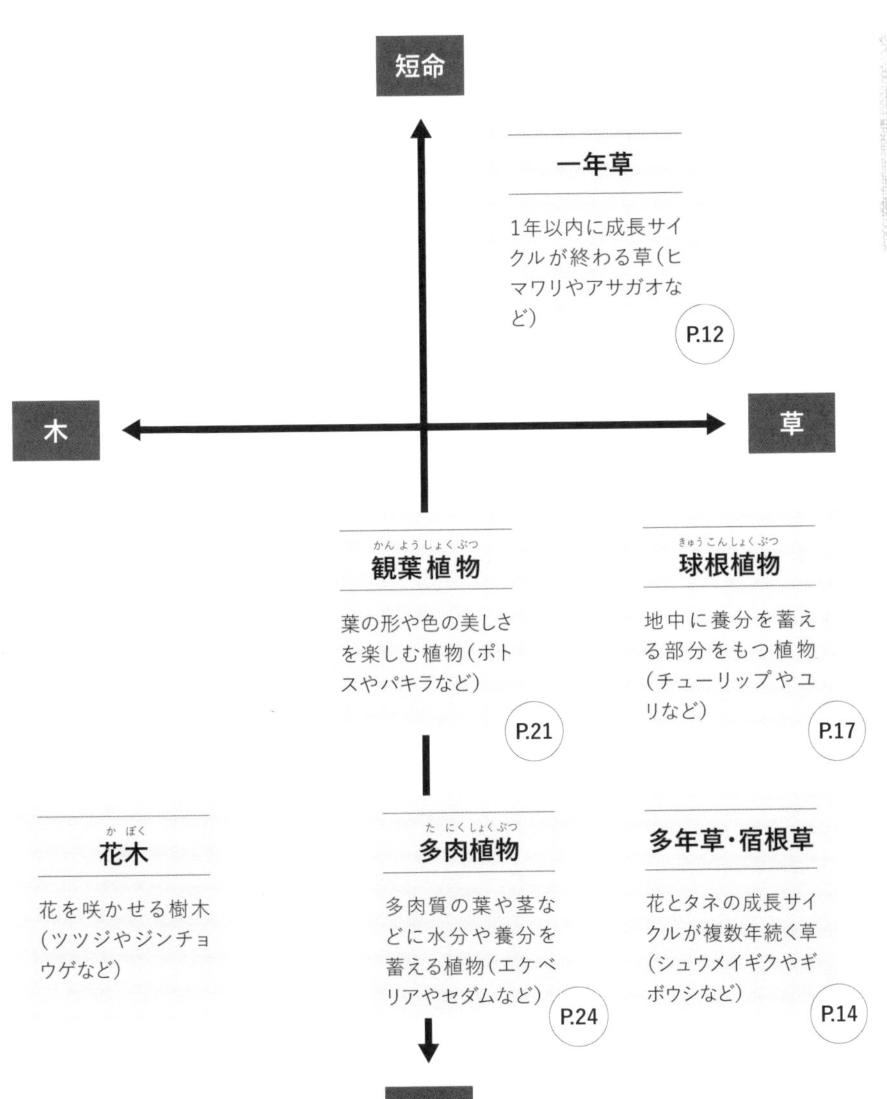

hint! **2** ：一年草

鮮やかな花姿で彩る花壇の主役

一年草は育てやすいので、はじめて草花を育てる方にもとてもおすすめです。花色が鮮やかなものも多く、花壇でも寄せ植え（P.80）でも欠かすことのできない主力植物で、夏から秋に咲く寒さに弱いタイプと、冬から春に咲く暑さに弱いタイプに大きく分かれます。たくさんの**ポット苗**＊を植えつけ（P.62）れば、花壇の見た目を一気に変えることができます。なお、一年草の花を長く楽しむには、咲き終わった花をこまめに取ってタネをつくるのを遅らせたり、肥料を定期的に施したりすることも大切です。

じつは一年草には、本当の意味での一年草と、そうでないものがあります。そうでないものとは、その植物がもともと育っていた場所（原産地 P.36）と日本の気候が違いすぎて、「日本では一年草扱いになってしまう」というもの。日本の夏の暑さや冬の寒さに耐えられず、成長のサイクルが1年以内に終わり、枯れてしまうのです。

例えば、冬から春を彩るパンジーやビオラは、自生地のヨーロッパでは複数年生きる多年草ですが、日本では高温多湿の夏を越すのが難しいため、“一年草扱い”となっています。ほかにも、熱帯アジアやインドなどが原産のケイトウは寒さに弱く、本州では冬に枯れてしまいますが、奄美諸島以南では冬越しができ、冬に花が咲く姿を見ることもできます。

＊ポット苗

ポットと呼ばれる塩化ビニール製などの鉢で栽培された植物の苗。

ケイトウはふわふわとした花の部分がニワトリのトサカに似ていることから「鶏頭」と呼ばれたのがその名の由来。写真はノゲイトウ。

夏から秋に咲く おすすめの一年草

タネを春にまくので、
春まきの一年草と呼ぶこともあります。
下のほかに、インパチエンス、コスモス、
ジニア、センニチコウ、トレニアなども
おすすめです（一年草扱いを含む）。

NP-M.Tanaka

【 ヒマワリ 】

7〜9月開花。北アメリカ原産で、草丈は30cm〜3m。猛暑にも負けず咲く。

NP-T.Narikiyo

【 ペチュニア 】

南アメリカ中東部原産。4〜11月に咲き、品種が豊富。本来多年草だが寒さに弱いため一年草扱い。

NP-Y.Hiruta

【 ポーチュラカ 】

5〜10月開花。アメリカ大陸の熱帯〜温帯地域原産で、近年の酷暑でも元気よく咲く、おすすめの草花。

冬から春に咲く おすすめの一年草

タネを秋にまくので、
秋まきの一年草と呼ぶこともあります。
下のほかに、キンギョソウ、スイートアリッサム、
ストック、デージー、ハボタンなども
おすすめです（一年草扱いを含む）。

NP

【 ネモフィラ 】

北アメリカ西部原産。かわいらしい澄んだ青花が4〜5月に絨毯のように咲く。こぼれダネでもよく育つ。

NP

【 パンジー、ビオラ 】

ヨーロッパ原産。10〜5月に咲き、冬春に欠かせない。改良が進み両者の区別がつきにくい。一年草扱い。

NP-A.Takemae

【 プリムラ・ポリアンサ 】

11〜4月開花。ヨーロッパ原産。寒さに強い一方、高温多湿には弱く、日本では一年草扱い。

hint! 3 : 多年草・宿根草

毎年咲いて、ローメンテナンス!

「宿る根の草」と書いて「しゅっこんそう」。園芸にはこういった聞き慣れない言葉が出てきて、難しく感じてしまうかもしれません。でも、気にしなくても大丈夫。どれも意味さえわかれば簡単で、植物を育てるうちに自然と耳になじんで、気づけば普通に使っているようになるからです。

花が咲いてタネをつけたあと、翌年以降も同じサイクルを繰り返して何年も生きる植物を多年草といいますが、園芸的には、そのなかで夏や冬に地上部が枯れて根だけが残り、再び芽吹いて花を咲かせるものを宿根草、地上部が枯れないものを多年草としています。一度植えたら、そのままでも毎年花を咲かせるため、**ローメンテナンス***な庭や花壇に欠かせません。宿根草や多年草をメインにした庭は、英語で多年草・宿根草を指す「perennial」からペレニアルガーデンとも呼ばれ、人気を集めています。**花期**(かき)*が異なる多年草・宿根草を組み合わせると、四季を通じて開花リレーを楽しめるガーデンになりますし、葉の色や**斑**(ふ)*が美しいカラーリーフの多年草も植えると、花が少ない時期も寂しくないうえ、おしゃれです。

手間をかけずに毎年花が咲くありがたい植物ですが、夏の蒸れを防ぐための切り戻しや、ふえた株を分けたりする作業も必要です。

なお、毎年花が咲くもので樹木に分類されるものは花木(かぼく)といいます。

＊ ローメンテナンス

low-maintenance：英語で「手入れの少ない、あまり世話のかからない」という意味。

＊ 花期

花の咲く期間のこと。

＊ 斑

葉や花弁（花びら）、茎、幹の部分に出る本来の色とは異なる色のこと。植物に斑が出ている状態を斑入り（ふいり）と呼ぶ。

ギボウシの斑入り葉。

開花リレーを楽しむ 四季の 多年草、宿根草

四季を通して咲くいろいろな多年草、宿根草があります。ここでは私のおすすめを開花する季節ごとに紹介します。

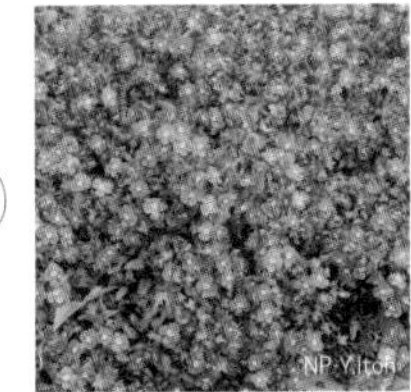

【 ベロニカ 】

3～5月に青紫の小花が咲く‘オックスフォード・ブルー’(写真)が有名。這うように育つ。

春

【 オステオスペルマム 】

熱帯アフリカ原産。カラフルな花を株いっぱいに咲かせる。秋に咲く品種もある。

春

【 西洋オダマキ 】

北米大陸、ユーラシア原産。5～6月に開花。花色が豊富で、こぼれダネでもふえる。

【 ルドベキア 】

北アメリカ原産。とても丈夫で7～10月に開花。花がらを残すと冬景色に映える。

夏

【 アガパンサス 】

南アフリカ原産で、青紫色や白色の涼しげな花が5月下旬から8月に咲く。

【 ガウラ 】

別名は白蝶草。白やピンクの小花がたくさん咲く。北アメリカ原産で暑さ寒さに強い。

【 シュウメイギク 】

中国や台湾が原産で、秋の風情を思わせる花。夏の終わりから11月ごろに咲く。

秋

【 宿根アスター 】

北アメリカ原産で、クジャクアスターの別名も。開花期間が長く、寒さに強い。

【 クリスマスローズ 】

ヨーロッパ、西アジア原産。交配が進み、花の色や形が多彩になっている。

おすすめの カラーリーフプランツ

花壇や寄せ植えにカラーリーフを入れると、
花が引き立つだけでなく、
デザイン性もアップします。
地面を覆うタイプは雑草対策にも。
多年草以外も含め、おすすめを紹介します。

【 ヒューケラ 】

葉色のバラエティーが豊富。ほとんど手がかからず、日陰でもよく育ち花も楽しめる。

【 カレックス 】

風になびく細い葉の線や美しい葉色を楽しむ「グラス類」と呼ばれるグループの1種。

【 リュウノヒゲ 】

秋に熟すとコバルトブルーの実をつける。グラウンドカバーとしても活躍する。

【 ギボウシ 】

ホスタとも呼ばれ、日陰でも育つ日本原産の丈夫な植物。冬は地上部が枯れる。

【 アイビー 】

斑入りの品種が数多くあり、ヘデラの名でも親しまれる。寄せ植えのアクセントに。

【 ハツユキカズラ 】

テイカカズラの斑入り品種でつる性の木の植物。新葉に入るピンクと白が美しい。

【 ラミウム 】

寒さに強く日陰でも育つ。地面を這うように広く伸びるため、グラウンドカバーにも。

【 アジュガ 】

直射日光の当たらないシェードガーデンの定番植物。グラウンドカバーにもなる。

【 リシマキア 】

這うタイプで黄葉のヌンムラリア'オーレア'はグラウンドカバーとして庭を明るくする。

球根は植物が生きるための、進化の証!

　球根植物は成長に必要な養分を蓄えて、地下の部分が大きくなった植物の総称です。球根と書きますが、根だけではなく、葉が重なり合ったものや茎が肥大化したものもあります。

　球根は夏の暑さや乾燥、冬の寒さなどから身を守るために進化したものと考えられています。宿根草は地下の根がそのまま活動を続けているのに対し、球根植物は葉を枯らして栄養を球根に蓄えることで活動を完全に止め、休眠して過酷な時期を乗り越えます。そのため、休眠中の球根は掘り上げて保管しておくこともできます。
球根植物を組み合わせることで、寄せ植えや庭づくりの幅が広がります。

球根に傷がついていると、植えたあとで腐ることも。傷のないものを選ぼう。

○ おすすめの球根植物

NP-M.Tanaka

【ラナンキュラス ラックスシリーズ】

枝分かれしてたくさん咲く、私の大好きな花。球根は掘り上げなくてもOK。

NP-N.Kamibayashi

【チューリップ】

春といえばチューリップ。花の色、姿、花期などさまざまな品種がある。

【ムスカリ】

ブドウの房のような青紫色の花がほかの花を引き立てる、春の花壇の名脇役。

花を！ 香りを！ 身近で楽しめる鉢花

鉢花は、鉢に植えられた、花の咲く植物の総称です。庭がなくても花を育てられ、室内やベランダなどに置けば、植物の成長をすぐそばで楽しむことができます。置き場所も自由に変えられるので、夏の暑さや冬の寒さが苦手な植物でも、日陰の涼しい場所や暖かい室内に移動することで元気に育てられます。

一般的に鉢花として知られている植物には、夏涼しく冬暖かい地域が原産のルクリアや、年間を通して温暖な熱帯地域が原産のハイビスカスなど、日本では庭植えより鉢で管理したほうがよい多年草や花木がたくさんあります。それぞれの自生地に合わせて、夏は**遮光ネット***をかけたベランダに出したり、冬は窓辺の光が当たる場所に置いて加湿器をつけるなど、適した環境で管理しましょう。冬の寒さに弱いポインセチアやサイネリアは、鉢植えのメリットを生かして冬は屋内、春〜秋は戸外といったように移動させて育てれば、毎年楽しむことができます。

ただし、冬の間、室内に取り込んでいた植物を外に出すときは、気温だけでなく、太陽の光の当たり具合にも注意をしましょう。いきなり直射日光に当たると**葉焼け***を起こしてしまいます。最初は日陰や遮光ネットの下に置いて、少しずつ日ざしに慣らすようにしてください。

＊ 遮光ネット

太陽の光量を減らすために用いる。白色、銀色、黒色のネットがあり、それぞれに光を遮る量（遮光率）が異なるものがある。

＊ 葉焼け

強い直射日光が当たり、葉の一部が焼けたようになって枯れること。急な高温など環境変化によっても起こる。

ラベル

お気に入りの鉢花を見つけたら、まずはラベルを確認しよう。日当たりや温度など細かい情報が書いてあれば、家の環境とすりあわせて。

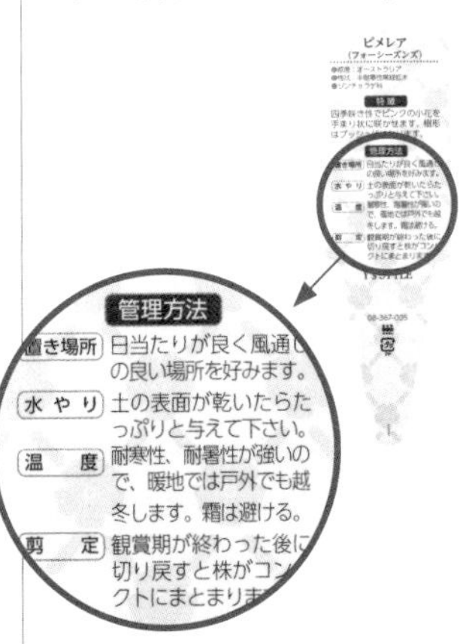

おすすめの鉢花

自分の置きたい場所の
環境に合ったものを選んで、
花のある暮らしを楽しんでください。

NP- T.Irie

【 ポインセチア 】

メキシコの山地を原産とする植物からつくられたもので、本来は数mまで育つ樹木。赤や白に色づく部分は苞(ほう)といい、花を保護する葉のような部分で、日が短くなると色づく。

NP- M.Tanaka

【 シクラメン 】

北アフリカから中近東、地中海沿岸地域が原産の球根植物。花色や咲き方、花弁の形など、さまざまな品種があり、秋から春にかけて長い間、花が咲く。

NP-N.Kamibayashi

【 サイネリア 】

半球状に育った株に、冬から春にかけてこんもりと密に花を咲かせる。豊富な花色も魅力。本来は多年草だが、日本の高温多湿な夏が苦手で一年草扱い。

NP- M.Tanaka

【 アザレア 】

19世紀初頭、日本のツツジの園芸品種がヨーロッパで室内観賞用の鉢花として改良されたもの。冬に出回るが翌年からは4月下旬～5月中旬に咲く。初心者でも比較的育てやすい。

○ おすすめの鉢花

【 ルクリア 】

ヒマラヤや中国の雲南省原産の低木で、香りがよく、ピンクの花色から、アッサムニオイザクラの別名でも親しまれている。夏は涼しく、冬は暖かい環境を好み、日が短くなると花芽をつけて、11〜12月に咲く。

【 シャコバサボテン 】

ブラジル原産で、霧の多い森林の樹上に自生するサボテン。4月と9月に茎の先を手でひねるようにして取る「葉摘み」を行うと姿よく咲く。日が短くなり、15°C前後になると蕾がつく。

【 ハイビスカス 】

ハワイ諸島やモーリシャス島など熱帯生まれの花木。赤、黄、ピンク、オレンジ色など原色の大きな花は、ほとんどが一日花。暑さに強いイメージがあるが、30°Cを超すと花つきが悪くなる。

【 セントポーリア 】

熱帯アフリカ東部の山岳地帯原産草で、アフリカスミレの和名をもつ多年草。9〜6月に咲き、葉も美しく、蛍光灯の下でも生きられるほどの耐陰性があり、室内で楽しむにはもってこい。管理も楽でおすすめ!

熱帯生まれのユニークな葉を楽しむ

観葉植物は、花よりも葉の色や姿形を楽しむ植物で、主に熱帯地域が原産。まわりに背の高い木々などが生い茂ったジャングルで育っているため、木漏れ日が当たる程度の場所でも耐えて生きられる**耐陰性**(たいいんせい)*があります。室内でも十分育つのですが、本来は外で生きているので、日光は必須です。日の当たる窓辺で育てましょう。

真夏と冬以外は、外に置いたほうが元気よく育ちます。戸外に出すタイミングは、最低気温が10℃を上回るようになってから。寒いところへ急に出すと、葉が落ちてそのまま枯れてしまうこともあるので、気をつけましょう。また、日陰気味で育てていた場合、急な強い光で葉が焼けないように気をつけてください。株が充実してから環境に慣らしていけば、多少の寒さにも耐えられるようになります。

エアプランツは木や岩に**着生**(ちゃくせい)*し、葉から水や養分を吸収するというおもしろい植物です。空中から水分を吸収しますが、日本の湿度では足りないため、水やりが必要。土がいらないため、観葉植物の枝に引っかけて育てると、一緒に水やりもできて便利です。夜間、葉についている**トリコーム***という細かな毛から水分を吸収する性質があるので、夜、水を張ったバケツなどにドボンと10秒ほど浸け、しっかり水をきって、風通しのよい場所で育てる方法がおすすめです。

＊耐陰性

暗く日光量が少ない場所でも生きていける性質。

＊着生

植物が土壌に根を下ろさず、生きている植物の幹や枝、岩などにくっついて生活すること。

＊トリコーム

葉の表面を覆う白く細かな毛で、機能はさまざまだがエアプランツでは空気中の水分を吸収する役割をもつ。エアプランツの葉が銀色に見えるのはトリコームによるもの。

葉色や斑の多彩さも観葉植物の魅力。ドラセナ・フラグランス'レモンライム'。

○ おすすめの観葉植物

NP-M.Tanaka

【 モンステラ 】

熱帯アメリカ原産のつる性の多年草で、原産地では樹木やヤシ類に這い登って育つ。羽状に大きく切れ込んだ葉や穴の開いた葉が特徴。

NP-Y.Hiruta

【 シェフレラ 】

最も一般的なのは中国南部～台湾原産種の園芸品種'ホンコン'。日陰気味でもよく育ち、丈夫で育てやすい樹木。

NP-Y.Hiruta

【 パキラ 】

中南米原産で、本来は20m近くまで育つ樹木。枝の先に楕円形の葉が5枚、手を広げたようにつく。日陰気味でも育つ。

NP-M.Tanaka

【 ガジュマル 】

屋久島以南から東南アジアの熱帯地域に自生する樹木。独特の形に仕立てられた太い幹が人気。沖縄では地植えで20m近くまで育つ。

丈夫で育てやすく、入手しやすい、
おすすめの観葉植物を紹介します。
どれも一年中、緑の葉を楽しめる
「常緑(じょうりょく)」の植物です。

NP-M.Fukuda

【 フィカス・ウンベラータ 】

熱帯アフリカが原産の樹木で、葉がハート型。フィカスはイチジクやゴムノキの仲間で、枝や幹を切ると白い樹液が出る。

NP-M.Maruyama

【 ストレリチア・ニコライ 】

南アフリカ原産の多年草。トロピカルな大きな葉が特徴で、大株に育つと花も楽しめる。通称オーガスタ。

○ エアプランツ

NP-S.Maruyama

【 チランジア・イオナンタ 】

メキシコとグアテマラが原産。開花期になると銀緑色の葉が赤く染まり、紫色の細長い花弁との対比が鮮やかで美しい。

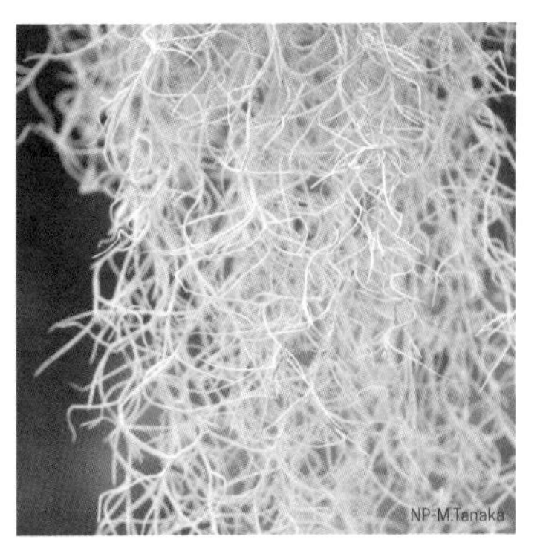
NP-M.Tanaka

【 チランジア・ウスネオイデス 】

細い糸のような銀色の葉が絡み合うように育ち、長く垂れ下がるのが特徴。緑色の小さな花をつける。スパニッシュモスの別名でも呼ばれる。

日光不足と水のやりすぎに注意！

茎や葉などに貯水できる組織が発達した植物を多肉植物といいます。乾燥した地域で生きられるように独自の進化を遂げたもので、サボテンも多肉植物に含まれます。

個性的なフォルムから、こだわりの鉢に植え替えて、インテリアとして室内に飾る方もいますが、多肉植物の多くはもともと砂漠のような日光が燦々と降り注ぐ場所で生きる植物。室内では光が足りません。そのままにすると、ひょろひょろと伸び、株姿がくずれた**徒長***した状態になってしまいます。室内で多肉植物を楽しみたい場合、真夏と冬以外は、日中できるだけ戸外で光に当て、夜だけ取り込んで飾ったり、複数の株を数日ごとにローテーションさせたりするのもよいでしょう。

多肉植物は、日本と原産地の環境とでは気候に違いがあるため、成長する季節（生育適温）によって、**春秋型、夏型、冬型***の3つに分けています。どの多肉植物も、基本的に10℃を下回らないように管理しましょう。また、水を蓄えられるからといって、まったく水やりをしないと枯れてしまいます。生育期を中心に、土がしっかりと乾いたのを確認してから、水をやるときはたっぷり与えましょう。水を蓄えられる分、草花よりは頻度は少なくてOK。やりすぎは**根腐れ***につながるので、気をつけましょう。

＊ 徒長

通常よりも茎や枝が長く伸びること。日光不足や高温、チッ素分（P.52）が多すぎたことなどが原因で起こる。

＊ 春秋型、夏型、冬型

多肉植物の自生地の環境をもとに、生育が盛んになる時期を日本の気候に当てはめて分類したもの。春秋型は10～25℃、夏型は25～35℃、冬型は5～20℃がそれぞれおおよその生育適温。

＊ 根腐れ

土に水が停滞して根が呼吸できない、肥料の濃度が濃くなって根がダメージを受ける、土の中に老廃物や有害なガスがたまる、などの原因で根が腐ること。

春秋型

春秋型は人にとっても過ごしやすい春と秋に生育します。セダム、センペルビウム、パキフィツム、グラプトペタルムなども同じ型です。

【エケベリア】

葉が放射状に重なり合う様子がまるでバラのような、美しいロゼットの株姿をしている多肉植物。晩秋から春にかけて紅葉も楽しめる。写真は'桃太郎'。

【ハオルチア】

葉の質感によって、葉が柔らかく透明感のある「軟葉系」と、葉が堅くシャープなフォルムの「硬葉系」があり、軟葉系は室内栽培できる。写真はクーペリー。

夏型

夏型といっても、真夏の直射日光や熱帯夜は苦手です。カランコエ、サンセベリア、アデニウム、パキポディウムなども同じ型です。

【アロエ】

丈夫で育てやすい種類が多く、薬用や食用になっている種類もある。高さ5cm程度の小型のものから、20mくらいの高木に育つものまで。写真はプリカティリス。

【アガベ】

ロゼット状に広がる硬質の葉と、葉先に鋭いとげがあるのが特徴。白や黄色のラインが入る斑入りや、フィラメントと呼ぶ白い糸を葉に生やす種類も。写真は'笹の雪'。

冬型

冬型とはいえ、霜が降りる地域では室内へ入れてください。アエオニウム、フェネストラリア、セネシオの一部なども同じ型です。

【リトープス】

自生地の多くが砂利の多い砂漠や岩場のため、地表に出ている葉の表面部分を石や砂利に似た模様で「擬態」する。年に1回、脱皮をする。写真は福来玉。

【コノフィツム】

葉がクッション状に群生するのが特徴で、リトープスと同様、年に1回、休眠前に脱皮する。リトープスとともに「メセン」とも呼ばれる。写真は'花車'。

hint! 8 ：ハーブ

ハーブを育てて惜しげもなく使おう!

ハーブは古代からの暮らしのなかで、薬草、香辛料、染料、園芸など、いろいろな分野で役立ってきた有用植物全般を指すもので、植物学的に定義された名称ではありません。世界中で2万種類以上ものハーブがあるといわれます。

私もいろいろ育てて、料理などに使って楽しんでいます。なんといっても、摘みたてのハーブは香りも味も格別で、自分で育てればたくさんの量が収穫でき、惜しげもなく使うことができます。特に、バジルやミントなどのシソ科のハーブは、芽の先を切る**摘芯**(てきしん)*をすることによってどんどん枝数がふえるので、量をたくさん収穫するには欠かせない作業です。また、多くのハーブは、**挿し木**(さしき)*によってふやすこともできます。

注意したいのはミント類です。生育があまりにも旺盛で、地下に茎を伸ばして広がり、どんどん茂っていくため、庭や花壇などにそのまま地植えするのはおすすめしません。よほど大量に使い続けられる人でなければ、鉢植えかプランターで育てるのが無難です。「気がついたらほかの植物を駆逐して、花壇がミント畑に……」という方も少なくないのです。どうしても庭に植えたい場合は、大きめの鉢に植えてから、その鉢ごと埋める方法がおすすめです。

＊ 摘芯

生育中の植物の芽の先端を摘み取る作業のこと。ピンチともいう。これによって、その下の節にあるわき芽が伸び、枝数がふえる。

＊ 挿し木

切り取った枝や茎を用土に挿して新しく根を出させる繁殖方法。親と同じ性質の株ができる。

おすすめのハーブ

自分で育てれば、
新鮮なハーブを取れた分だけ
たっぷり使えるので
おすすめです！

【 ミント 】

世界中に分布する多年草で、爽やかな香りが魅力。ハッカは日本の自生種。

【 バジル 】

熱帯アジア、インド原産で、本来は多年草。イタリア料理に欠かせないハーブ。

【 レモンバーム 】

南ヨーロッパや西アジア、北アフリカ原産の多年草。レモンに似た香りが特徴。

【 タイム 】

地中海沿岸原産の低木で、日本にも1種ある。殺菌防腐効果が高いといわれる。

【 イタリアンパセリ 】

地中海沿岸地域原産の二年草。料理の仕上げの風味づけや彩りに、あると便利。

【 パクチー 】

地中海沿岸地域原産の一年草。アジア料理に欠かせない。英語はコリアンダー。

【 ナスタチウム 】

ペルーやコロンビア原産で、本来は多年草。辛みと酸味があり、葉も花も楽しめる。

【 ラベンダー 】

地中海沿岸地域原産の低木。鮮やかな紫色の花と心地よい香りが魅力。

hint! 9 ：野菜

プランターで育つ！ 収穫の喜びを体験しよう

ベランダや庭で穫れたてを食べるのは、家で野菜を育てる最大の楽しみの1つ。まさに産地直送です。しかし、ベランダや軒下など、限られた場所で野菜づくりをする場合は、何を育てるかが悩みどころ。日々の管理や収穫のことを考えるなら、葉もの野菜から始めてみることをおすすめします。特にリーフレタスなら玉レタスのように球状にならないので、外葉を1枚ずつかき取るように収穫していけば、新しい葉がどんどん出てきて2か月近くも楽しめます。

野菜を育てる際に気をつけたいのが連作障害です。同じ場所で同じ野菜や同じ科の野菜を連続してつくることを連作といい、植物によってうまく育たないことがあるのです。連作することで、その野菜に有害な菌や**センチュウ***ばかりがふえたり、土壌に含まれる養分に偏りが起こったりして、**生育障害***が起こってしまう仕組みです。

連作障害は、ナス科、ウリ科、マメ科などにみられ、野菜だけでなく、ハーブや草花でも同様に起こります。そのため、ナス科のペチュニアを育てたあとの土で、同じナス科のミニトマトを育てるような場合でも、連作障害が発生するおそれがあります。花壇などでは、同じ場所で同じ植物を毎年植えないようにすると安心です。

＊センチュウ

ごく小さな線のように細長いひも状の生物。土の中に生息し、植物に寄生して栄養を吸い取る。

＊生育障害

本来の正常な成長、発育が行われない障害。植物にとって必要な要素が多すぎる、あるいは少なすぎる状態で起こることが多く、葉や茎、根、花、実などの生育に影響が出る。

トマトやピーマンなど支柱が必要なものも。

○ おすすめの野菜

ベランダや軒先で、
鉢やプランターでも
気軽に育てられる
おすすめの野菜を紹介します。

【オクラ】

東北アフリカ原産のアオイ科の多年草(日本では一年草扱い)。暑さや乾燥、病害虫にも強い。独特の粘りけがあり、実だけでなく花も食べられる。春植え。

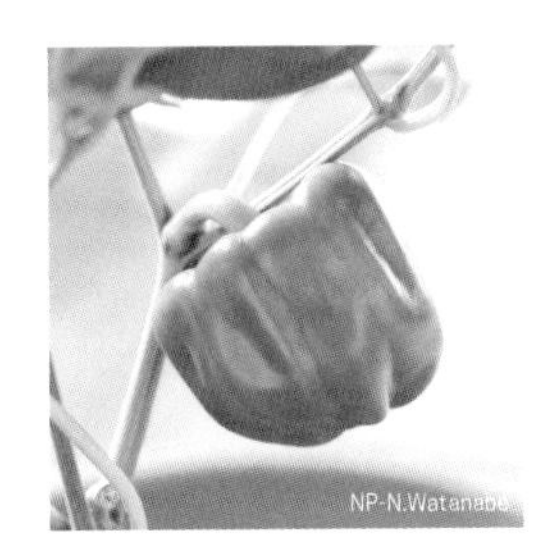

【ピーマン】

熱帯アメリカ原産のナス科の多年草。鉢植えなら冬に屋内に入れることで冬越しできる。栄養価が高く、いろいろな料理で使える応用力の高さも魅力。春植え。

【ゴーヤー】

東インド、熱帯アジア原産のウリ科の多年草(日本では一年草扱い)。暑さに強く、次々実をつけるグリーンカーテンの定番野菜。独特の苦みが特徴。春植え。

【ミニトマト】

中南米原産のナス科の多年草(日本では一年草扱い)。強い光を好み、乾燥気味に育てると味がよくなる。自立しないので、支柱に誘引して育てる。春植え。

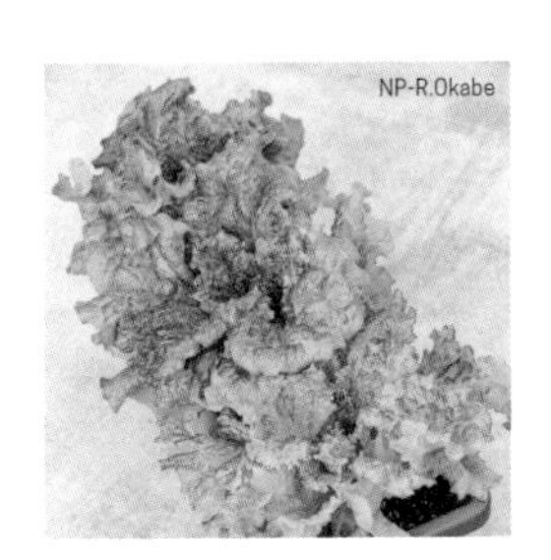

【リーフレタス】

地中海沿岸地域原産のキク科の一年草。球状にならず、葉が開いて育つ。葉先が赤紫色に色づく品種もある。春または秋植え。

【スナップエンドウ】

中央アジアから中近東原産のマメ科の一年草であるエンドウマメを、さやごと食べられるようにアメリカで品種改良されたもの。秋に植えて春に収穫する冬越し野菜。

よい苗を選べばその後の生育も間違いなし!

園芸店に行くと、たくさんの苗が売られています。苗にはタネから育てた**実生苗**（みしょうなえ）*と、切り取った茎や枝を根づかせて育てた**挿し木苗***、土台となる植物に別の植物をついだ**つぎ木苗***があります。一年草では実生苗が多いですが、多年草では挿し木苗、野菜や果樹などではつぎ木苗が多く、つぎ木苗のほうが手間のかかる分、値段は高くなっています。

ポット苗は根の伸びるスペースが限られているので、苗を購入したら、鉢やプランター、花壇、畑などに植えつけて(P.62)、そこで大きく成長させます。植えつけ後、元気に育ちやすいのは、株がしっかりと育った苗です。苗選びは、その後の成長や花つき、野菜なら収穫量にも影響する大事なポイントとなります。

手にとった株がしっかり育ったものかどうかを判断するには、葉の茂り具合と茎の太さ、根張りを見ることです。根は土の中にあるので様子を見ることはできませんが、じつは根張りと葉や茎の生育はほぼ比例しています。そのため、葉や茎がしっかり茂っている株であれば、根も充実していると考えて大丈夫。白い根がポットの表土の部分に少し見え、ポットの底の穴の部分からも白い根が少し見えるくらいが、健康な苗です。

＊ 実生苗

タネをまいて発芽させて育てた苗。安価でたくさんつくることができる。個体差がある場合も。

＊ 挿し木苗

草花や樹木の枝を切ったものを赤玉土などに挿して発根させ、育てた苗。親と全く同じものが育つ。

＊ つぎ木苗

ふやしたい植物の芽や枝を切って、「台木」（だいぎ）というほかの株についで育てた苗。性質が丈夫な台木につぐことで暑さや寒さ、病害虫に強くなるなどのメリットがある。

○ 苗はここを見よう!

一年草や宿根草の
ポット苗を選ぶときのポイントを、
ビオラを例に紹介します。

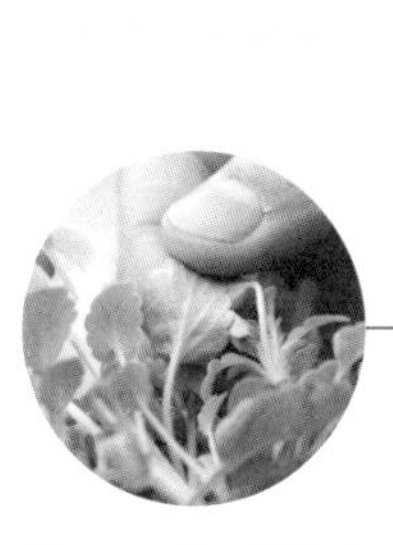

花よりも葉の状態を確認。葉がかすれている(ハダニの可能性)、白い粉がついている(うどんこ病の可能性)などの症状がないか見る。

下葉が枯れていないものが健康。枯れ葉があれば病気の原因になるので取る。

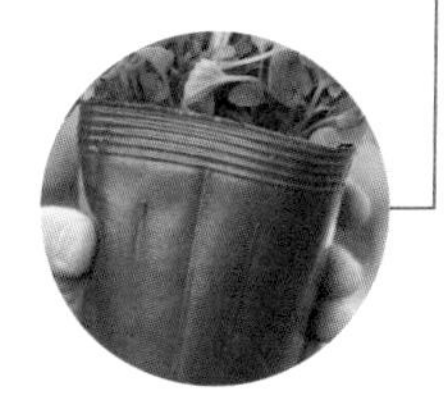

ポットの外から軽く押して、固く感じれば根張りはOK。

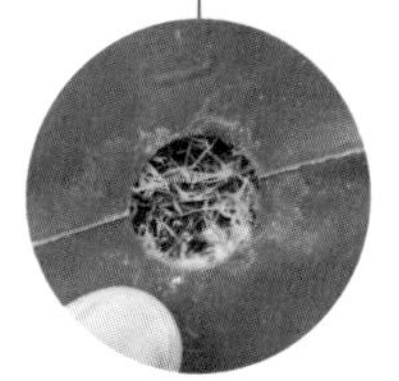

白い根が少し見えるくらいがよい。はみ出るほど多ければ根詰まりの可能性も。

株元を見ると、表土に少し根が出ている。しっかり育っている証拠。

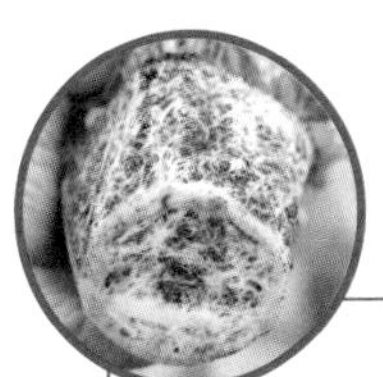

購入後、
ポットを外してみると
バッチリ!

葉の色や
質感がよく、
しっかりしている
苗を選ぶのが
ポイントです!

趣味だからこそ楽しめる!

東京に出てきて気がついた植物のある豊かな暮らし

両親が植物好きだったこともあって、私にとっての植物は「いつも身近にあるもの」でした。親が世話しているあとにくっついて、パンジーの花を見て「どうして顔がついてるの？」と聞いて回ったり、ポトスの水挿しを手伝ったりしていました。

ところが、大学進学で新潟県から東京に出てきてみたら、どこもアスファルトとコンクリートのビルばかり。緑の少ない街の景色にショックを受けました。今まで当たり前のようにあった植物が急に遠くなり、自然を求める気持ちが日に日に強くなっていき、時間を見つけては旅に出るように。ある日、ふと思い立ち、埼玉県の秩父に向かったときに見た、丘一面に力強く

植物が身近だった
子ども時代。
後ろに観葉植物の大鉢が。

『轟轟戦隊ボウケンジャー』に
ボウケンブルー役で
出演していた当時。
趣味が園芸であることを
発信していた。

昔も今も、植物はなくてはならないもの

咲きほこるシバザクラに、涙が出るほど感動してしまいました。

「あぁ、やっぱり自分には植物がないとだめなんだ」

それまでふたをしてきた植物への思いがあふれ、すぐに園芸店に行き、シバザクラの苗などを一式買って、実家でやっていたのを思い出し、育て始めました。思えばこれが東京での私の趣味の園芸のスタートでした。

さまざまな植物を育て、ブログなどでも植物について発信していたところ、NHK「趣味の園芸」出演のお話をいただき、2011年4月から司会として10年間、大好きな園芸をさらにとことん実践し、学び、2021年4月からは講師として三上流の楽しみ方や園芸の魅力を発信しております。そして一人でも多くの方に園芸への興味をもってもらえるよう、そのきっかけづくりを、いつも考えています。

草花だけでなく、
野菜も。

アパートのベランダで
植物を育て始める。

2011年4月、
『趣味の園芸』に
初めて出演したとき。
矢澤秀成さんと。

「どうして?」という気持ちを大切に

園芸って難しそうというイメージも変えられたらと思い、2021年9月から始めたのがYouTubeチャンネルです。私の経験を踏まえてどなたにでも簡単にできる楽しみ方をお伝えし、きっかけとなってもらえる内容を心がけています。もし枯らしてしまったとしても、次はうまく育てるぞと前向きな気持ちになっていただけたら、植物も喜ぶし、園芸の輪も広がっていくと思います。

最初のうちはいろいろと覚えることもありますが、それらをひとつひとつ覚えようとするよりも、「どうして?」という子どものような好奇心で意味や理由を追求したほうが楽しいですし、結果的に近道となります。子どものころ疑問だったパンジーの花も、名前の由来がフランス語で「物思い」を意味する「パンセ(Pensée)」から来ていて、花の模様が人の顔に見えたからだとわかり、ますます楽しくなったものです。

ぜひ皆さんも「どうして?」という気持ちを大切に、疑問に思ったことは追求して、答えを見つけていってほしいと思います。そういった探求する心の大切さ、そのヒントを、この本に込めてみました。

趣味だからこそ自由に好きなように楽しめる。それが趣味の園芸です。こうだと決めつけず、植物のようにのびのびと楽しんでいきましょう。

YouTube「三上真史の趣味は園芸チャンネル」では育て方、楽しみ方、ガーデン作りまで幅広く園芸の魅力を配信。

各地の講演会や講習で園芸の楽しみ方を伝えている。

そだてる編

毎日のお世話や作業の秘けつ！

植物のサイクルを知り、生育に寄り添おう

同じ棚や売り場に置かれている植物でも、**原産地**(げんさんち)*や育った環境は全く違うというケースは多々あります。お店は限られたスペースを使い、シーズンごとに売れ筋の植物を置いているため、温度や日当たりなどが本来の環境と違っていても、水やりなどの管理のくふうで影響を最小限にしています。隣合わせで売られていた2鉢を買って帰っても、同じ環境・同じ管理でうまく育つとはかぎらないのです。

植物を上手に育てるための大前提は、植物に寄り添い、本来生育している原産地の環境になるべく近づけることです。木陰で育つ植物なら直射日光の当たる場所を避けたり、湿度を好むものなら霧吹きで**葉水**(はみず)*をするといった具合です。原産地や好む環境についての情報は、植物についているラベルや植物名から調べることで把握できます。

空いている場所がここしかない、室内に置きたくないといった私たちの都合を優先させると、もともと好む環境との違いから調子が悪くなることもあるので、植物に寄り添って育ててみましょう。植物にはそれぞれ生育に適した気温(生育適温)があり、季節に応じて生育の状況が変わります。右ページにある植物の1年のサイクルのように、各植物の生育状況に合わせてお世話しましょう。

＊ 原産地

植物がもともと自然環境下で生育している地域のこと。園芸品種でも、元になった植物が自生していた環境を好むことが多い。自生地(じせいち)ともいう。

＊ 葉水

葉に霧状の水をまくこと。乾燥を防ぐ、植物の温度を下げる、ハダニなどの害虫を防ぐといった効果がある。

作業は植物のサイクルに合わせる!

植えつけや植え替え、剪定など、
植物にストレスのかかる作業は、
植物の成長のサイクルに合わせて行うと
うまくいきます。

↘ 植物の1年のサイクル

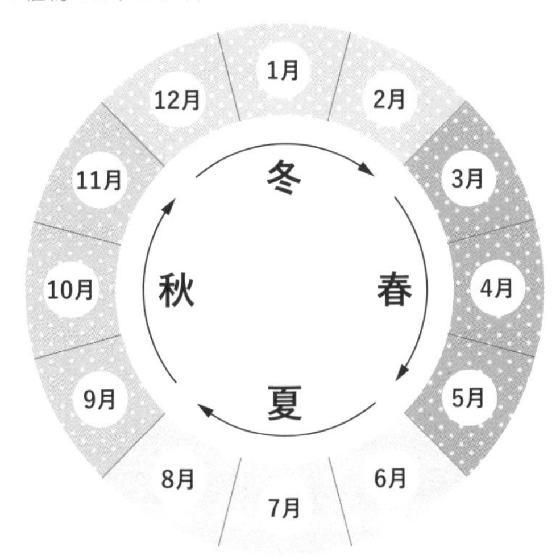

冬

冬は多くの植物にとって耐える時期。宿根草の多くは地上部を枯らし、落葉樹も葉を落として休眠。多肉植物の夏型や春秋型も活動を抑えている。

春

春は多くの植物にとって元気に活動し始める時期。植えつけや植え替え、剪定、摘芯など、根や茎を切る作業もできる。

夏

近年の日本の夏は「酷暑」になっていて、植物も何とか耐えている状態。一部の植物を除き、ストレスのかかる作業は避けたほうが無難。

秋

秋も多くの植物が元気に活動して充実する時期。花壇や鉢の植え替え、剪定などにも最適。寒さに弱い植物は最低気温を見ながら、冬の準備に入る。

落葉樹と常緑樹

植物は光合成によってエネルギー源となる糖をつくります。葉の光合成能力は加齢により低下するため、樹木は適当な時期に葉を落として入れ替えます。冬に葉を落とし、光合成をやめ完全に休眠する戦略を選んだのが落葉樹。新しい葉をつくるエネルギーを温存し、葉をつけたまま冬を耐える戦略を選んだのが常緑樹です。

植物にストレスの
かかる作業は
元気な生育期に!
落葉樹なら完全に
休眠する冬でもOK!

hint! **12** ：四季の園芸・春

春はお祭り！ 園芸デビューに最適です

桜前線が列島を北上し、各地で**ソメイヨシノ***が咲き始めると、街も野山も一気に華やぎ、植物の勢いが日増しに感じられるようになります。日中の気温が少しずつ上がるにつれ、元気になる植物はまるでお祭り騒ぎのよう。それまで寒さに耐えてきたうっぷんを晴らすかのように、植物はぐんぐん育つ成長期に入っていきます。

この時期のガーデニングはまさにゴールデンタイム。植物に勢いがあるので、茎や葉、根などを多少強めに切っても元気に復活してくれます。新しく買った苗を花壇や鉢に植えつけるのもよし。冬を越した鉢植えの植え替えをするもよし。寄せ植えや**ハンギングバスケット***などに挑戦するのにももってこいです。悩みがちな水やりも、この時期なら多少タイミングを間違えたって植物のポテンシャルで強く生きてくれますから、これから園芸デビューという方にもうってつけ。水やりの量や頻度の確認や、習慣づけなどをこの時期にやっておけば、初夏の作業へスムーズに入っていけますよ。

一部の例外はあるものの、園芸作業のほとんどを難しく考えず、楽しく取り組める時期です。新しいことに挑戦してみたいと思っている方は、ぜひこのタイミングでチャレンジしてみましょう。

＊ ソメイヨシノ

葉よりも先に花が咲くことから人気となったサクラの代表品種。エドヒガンとオオシマザクラを親にして生まれた品種で、江戸時代末期、江戸の染井（現在の豊島区駒込）の植木屋が広めたといわれている。

＊ ハンギングバスケット

空中に吊るしたり、壁に掛けたりして楽しむ寄せ植えのこと。見栄えがよくなるように、側面に植えつけ用のスリットの入った専用のバスケットもある。

春の花壇は咲き誇る草花でにぎやか！

＼ 春の園芸で起こること・できること ／

桜前線が南から北上	新年度スタート!	新緑が美しい
3月	4月	5月

一年草

春咲き一年草が開花 ※冬の間の彩りとなっていたパンジー、ビオラは5月中旬で終了。

夏～秋咲き一年草のタネまき

夏～秋咲き一年草の苗の植えつけ

NP-M.Tanaka
キンギョソウ

NP-T.Narikiyo
ビオラ

多年草 宿根草

春咲きの種類が次々に開花

植え替え、株分け

挿し木

NP
クレマチス

球根植物

秋植え球根の開花

秋植え球根の掘り上げ

春植え球根の植えつけ

NP-H.Imai
スイセン

観葉植物

植えつけ、植え替え

切り戻し、剪定

挿し木

多肉植物

春秋型種の生育が盛ん

夏型種の生育が盛ん

冬型種の生育が盛ん

野菜 ハーブ

冬越し野菜の収穫

夏野菜の植えつけ

ハーブの植えつけ、植え替え

※関東地方以西の平暖地の場合

hint! 13 ： 四季の園芸・夏

夏はチャンス！ 暑さを上手に使おう

日本の夏はひと昔前とは全く異なる暑さになりました。まさに酷暑というのがぴったりです。それは私たちだけではなく、植物にとっても同様で、この強烈な気候を何とか耐え忍び、秋へつなげようとがんばっています。梅雨が明けて本格的な夏が来たら、水やりは気温が上がる前の早朝と夕方に行ったり、日陰に鉢を移して、少しでも植物の温度を下げるようにしましょう。

しかし、暑すぎる夏にもよい一面があります。例えば、土の消毒は真夏の日光のエネルギーを利用できます。鉢やプランターに残った土をふるってポリ袋に入れて水で湿らせ、口を縛っておくだけで、病害虫や細菌などの多くが死滅する60℃近くまで温度が上がります。消毒した土は秋からの園芸作業に使えます(P.70)。

夏の間ぐったりしている植物も、上手に夏越しできれば秋からまた大活躍してくれます。長く咲き続ける草花は、真夏に**切り戻し***て休ませるのも一案です。この時期は高温多湿により蒸れてだめになったり、病害虫が発生しやすいことにも注意しましょう。梅雨前などなるべく早めに剪定や切り戻しをして、風通しをよくしておくことも大切です。この作業が、秋に向けての園芸の楽しさでもあります。

＊ 切り戻し

草花の枝や茎を切ること。風通しや株元への日当たりをよくするほか、枝数をふやしたり新しい枝の伸びをよくする効果もある。

夏から秋まで咲き続けるジニア'プロフュージョン'。花色が豊富で、組み合わせしだいで涼やかな植栽も可能。

＼ 夏の園芸で起こること・できること ／

	梅雨入り 6月	梅雨明け、夏到来 7月	気温が1年で最高に! 8月
一年草	夏〜秋咲き一年草が開花 夏〜秋咲き一年草の苗の植えつけ	NP-A.Tokue アサガオ NP-Y.Sakurano ヒマワリ	切り戻し
多年草 宿根草	夏咲きの種類が開花 挿し木	NP-M.Fukuda ガウラ	切り戻し
球根植物	春植え球根の植えつけ 春植え球根の開花 暑さに弱い秋植え球根は葉が枯れたら掘り上げ		NP グラジオラス
観葉植物	植えつけ、植え替え、株分け 切り戻し、剪定 挿し木	日ざしが強烈！ 置き場を見直そう	
多肉植物	春秋型種の生育が盛ん 夏型種の生育が盛ん	冬型種は休眠して酷暑をやりすごす	
野菜 ハーブ	夏野菜、ハーブの収穫 ラベンダーなどの切り戻し、剪定		暑さを利用して土のリサイクルを

※関東地方以西の平暖地の場合

hint! **14** : 四季の園芸・秋

秋はごほうび！ 心ゆくまで草花と親しむ秋

「暑さ寒さも彼岸まで」の言葉どおり、9月に入ると過ごしやすい日がふえます。暑さが落ち着くのと合わせるように草花も元気を取り戻し、秋の花が彩りを添えます。気温が下降していく秋は、春よりも植物の生育がゆるやかなので、寄せ植えづくりにも最適なシーズン。夏の間に準備してきたことが次々とかなう、ごほうびのような期間です。植物にとっても過ごしやすい時期で、植え替えや剪定などの作業も安心して行えます。草花や花木はもちろん、春に咲く球根植物の植えつけのタイミングでもありますし、果実や野菜を収穫したりと、楽しみ方は選び放題です。

そして何より秋だからこそ味わえる喜びは、植物の美しい色づきだと思います。モミジやコキア（ホウキグサ）などさまざまな植物の紅葉を楽しめますし、ずっと咲き続けている植物も気温が下がるにしたがって、春に比べて花色が濃く、よりあでやかに咲いてくれます。こまめに**花がら***を摘んで、長く開花を楽しみましょう。

ただし、秋が深まるにつれて、冬への準備が必要になってきます。冬への準備も逆算しながら園芸作業をしていきましょう。寒さが本格化する前にしっかり根が張れるよう、その分の期間を確保したうえで作業を済ませることも大切です。

＊花がら

咲き終わったあとも植物についている花のこと。花がらを残しておくとタネをつけることがあり、そちらに養分を取られ、次の花が咲きにくくなる。花がら摘みはそれを防ぐことと、美観を整えるために行う。

ヨーロッパで品種改良されたキクはマムといい、バラエティーに富んでいる。

＼ 秋の園芸で起こること・できること ／

	暑さ寒さも彼岸まで！ 9月	秋の長雨に注意 10月	街の植物にも紅葉が 11月
一年草	秋咲き一年草が開花 冬～春咲き一年草のタネまき	冬～春咲き一年草の苗の植えつけ	
多年草 宿根草	秋咲きの種類が開花 NP-M.Tanaka チョコレートコスモス	気温が下がるにつれ、 花の色が 濃くなっていく！	植え替え、株分け
球根植物	春植え球根の開花 NP-M.Tanaka ダリア	秋～冬咲き球根の開花 秋植え球根の植えつけ、春植え球根の掘り上げ	
観葉植物	切り戻し、剪定		寒さに弱い種類は室内へ
多肉植物	春秋型種は最低温度10℃程度までは盛んに生育 夏型種は最低温度20℃以下になるまでは生育		冬型種は生育を開始
野菜 ハーブ		冬越し野菜の植えつけ ハーブの植えつけ、株分け	

※関東地方以西の平暖地の場合

hint! **15** : 四季の園芸・冬

冬は筋トレ！ 寒さに慣れさせ強い株に育てる

12月に入ると、落葉樹は寒さをしのぐためどんどん葉を落とします。最低気温が10°Cを下回る前に、外に置いていた観葉植物や寒さに弱い鉢花などは屋内に取り込み、本格的な冬の備えを始めましょう。秋の間に花壇に植えつけた耐寒性のあるパンジーやビオラ、ストックなどの草花は、寒さが本格化する前に根を張れていれば大丈夫。霜が降り、土が凍るようになっても冬を乗り切ってくれます。

では、気温が氷点下になるようなこの季節、植物はどうやって体を守っているのでしょうか？通常、温度が0°Cを下回ると水は凍りますから、植物の体内にある水分も凍ってしまうはずです。ところが、植物は冬の訪れを感じると、細胞内に糖やアミノ酸、タンパク質などを蓄え、さらに細胞膜の成分も変えて凍結しにくい体に変化します。これを**低温馴化**（ていおんじゅんか）*といい、真冬のホウレンソウをおひたしにしたときにほんのり甘くおいしいのは、ホウレンソウが冬に備えて細胞内に糖を蓄えているためです。

低温馴化は多くの植物で起こるので、私は植物がもつこの力を信じて観葉植物や多肉植物なども屋内に入れず、外で育てています。少しずつ寒さに慣れさせることで、丈夫な株になり、春からさらに元気よく成長してくれます。植物によって寒さに耐えられるかどうかは大きく異なるので、必ず少しずつ様子を見ながら行ってくださいね。

＊低温馴化

耐寒性のある植物の凍結を防ぐためのメカニズム。植物は体内に40%以上の水分を蓄えているといわれ、凍らない程度の低温にさらされることでスイッチが入り、植物体の凍結を防ぎ、大事な花の芽を守っている。

花の少ない冬に咲くクリスマスローズ。花弁に見える部分は萼（がく）が変化したもの。萼は通常の花では花びらの外側にある緑の部分のため散りにくく、長く楽しめる。

\ 冬の園芸で起こること・できること /

	冬将軍到来! 12月	都心でも雪景色になる 1月	少しずつ春の気配 2月
一年草	寒さに強い冬〜春咲き一年草が少し開花 ※地上部に変化がなくても根は伸びている。		
多年草 宿根草	冬咲きの宿根草の代表、クリスマスローズが開花 寒さに弱い種類には株元を腐葉土で覆うなどマルチングを!	クリスマスローズ	植えつけ、植え替え
球根植物			秋植え球根の開花 スノードロップ
観葉植物	寒さに弱い種類は室内へ	戸外で冬越しする場合は不織布で覆うなどして防寒しよう	
多肉植物	冬型種の生育が盛ん(春秋型種、夏型種は休眠)		
野菜 ハーブ	寒さに強いハーブ(タイム、ミント、ローズマリーなど)は冬に収穫できる		ローズマリー

NP-M.Nishikawa

NP-N.Kamibayashi

NP-Y.Itoh

※関東地方以西の平暖地の場合

花木の作業は……

鉢花のなかには多年草だけでなく、アジサイやバラのような落葉樹の花木もあります。これらは葉を落として休眠している冬の間が植え替えのチャンス! 草花と同じように、1〜2年に1回は植え替えて健康に育てましょう。ちなみにアザレアやクチナシなど常緑樹の花木は、生育を始める4月ごろに植え替えましょう。

戸外では温度と風通し、夏の強すぎる光に注意

植物を元気に育てるには、**光合成**(こうごうせい)*が順調に行われる環境を整えることが大切です。光合成は植物ごとに適した生育温度で盛んに行われるため、戸外に置く際は、育てている植物の好む温度や日照量などを調べておくと安心です。また、置き場所の風通しにも気を配りましょう。風通しが悪いと光合成に必要な二酸化炭素を含む空気の循環が悪くなるだけでなく、病害虫が発生しやすくなります。

方角にも注意が必要です。南向きの日当たりのよい場所は、どんな植物にとってもよさそうに思えますが、たとえばポトスやモンステラなどの観葉植物にとって、夏の直射日光は光が強すぎ、葉焼けを起こすおそれがあります。日本の真夏の日ざしは多くの植物にとってストレスになるので、鉢を木陰に移動させたり、遮光ネットやよしずで日ざしを弱めたりしましょう。

また、ベランダやテラスがコンクリートだと、夏は日ざしで高温になるため、直接、鉢を置くのはやめたほうがいいでしょう。すのこや棚の上に置いて風通しをよくしたり、ベランダに人工芝を敷いて照り返しの対策をするのもおすすめです。寒さに弱い植物は、冬の間、冷たい風や霜に当てないように注意。日光の強さや温度、風通しなど、鉢を移動させながら、その植物が好む場所を見つけていきましょう。

＊ 光合成

根や葉から取り込んだ二酸化炭素と水を材料に、光エネルギーで糖と酸素をつくり出す機能のこと。光合成でつくられた糖が植物の成長を支えるエネルギー源になる。

環境を把握して植物を置こう

方角や季節によって
日照条件が変わるので、
まずは自分の環境を
確認することから始めましょう。

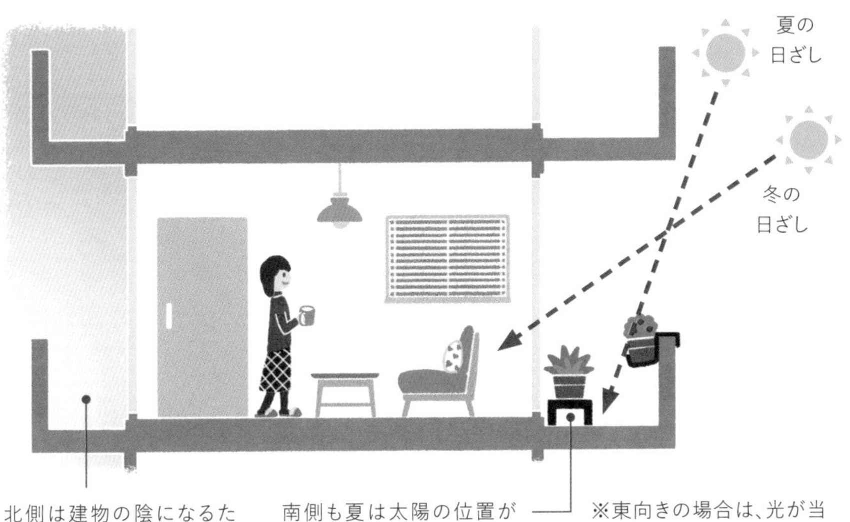

北側は建物の陰になるため、直接光が当たらない。

南側も夏は太陽の位置が高く、ベランダの奥まで日ざしが届かないことも。

※東向きの場合は、光が当たるのは午前中のみ。西向きだと午後から当たるようになる。

夏の照り返しを防ぐコツ

真夏のコンクリートは
60°C近くまで温度が上がることも。
すのこの上に鉢を置くと、
鉢の温度の上昇を
抑える効果が期待できます。

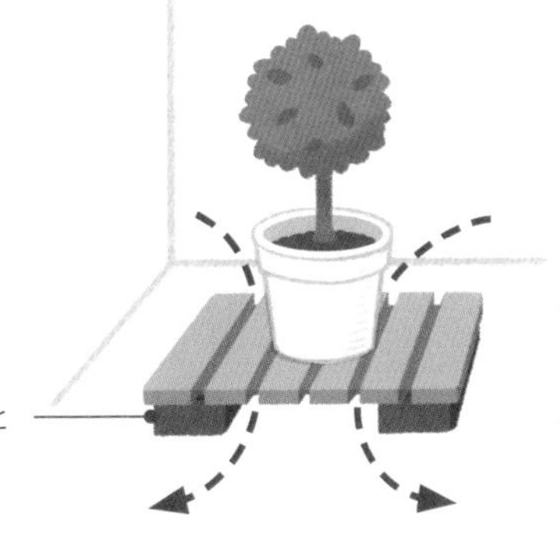

レンガなどで高さを出すとさらに風通しがよくなる。

すのこなどの上に鉢をのせる。熱がダイレクトに鉢へ伝わらないだけでなく、風通しもよくなる。

hint! 17 : 室内の置き場

室内で気をつけるべきは光と風通し

日本は、夏と冬とで気温や湿度、日照時間などが大きく異なります。真夏は連日35°Cを越え、湿度も高く、夜の温度が25°Cよりも高い熱帯夜になることも珍しくありません。一転、冬は空気が乾燥し、地域によって大雪に見舞われたり、日中の気温が氷点下のままだったりします。海外にルーツをもつ植物には、日本の夏や冬を戸外では越せないものもあり、それらは夏や冬の時期、家の中に入れて管理することで越すことが可能です。

観葉植物などの日陰気味の環境でも耐えられる植物は、室内でも育てられます。その際に気をつけたいのは日光と風通しです。基本は窓辺に置いてしっかり光に当てるようにしますが、窓ガラス1枚あるだけでも、実際の光量は戸外より減り、窓から少し離れるだけでさらに大きく減衰するので注意が必要です。葉の色が黄色く変色したり、**徒長**(とちょう)*して茎がヒョロヒョロになる場合は日光不足、白または茶色く焼けたようになっている場合は光が強すぎるおそれがあるので置き場を見直したほうがよいでしょう。また、屋内は風通しが悪くなりやすく、気がついたら病害虫の餌食に……ということもあります。空気を循環させる**サーキュレーター***を置いたり、定期的に窓を開けて換気して、風通しのよい環境をキープすることも大切です。

＊ 徒長

通常よりも茎や枝が長く伸びること。日光不足や高温、チッ素分が多すぎることで起こり、病害虫への抵抗力が弱くなる。

＊ サーキュレーター

風を直線的に送ることで、空気を循環させる機器。扇風機より遠くまで風を届けられ、空気を動かす能力に長けている。使用時は風が植物に直接当たらないようにする。

NP-M.Tanaka

日光の好きな植物はできるだけ外へ

窓ガラス1枚隔てただけで
光の成分や強さは変化します。
生育適温であれば、日光の好きな植物は
できるだけ外に出して育てたほうが
よい状態を保てます。

ハイビスカスなどの熱帯性の鉢花は、日光が大好き。冬の間室内で管理していても、最低気温が高くなってきたら戸外管理に移そう。そのまま屋内に置いておくと、光が足らずに弱ったり、花が少なくなったりする。

窓を開けて室内の空気を動かそう

サーキュレーターがない場合、
定期的に窓を開けましょう。
外からの風を入れることでも植物の
まわりの空気を動かすことができます。
部屋の換気にもなって一石二鳥。

窓を開けて植物のまわりの空気を動かす。エアコンや扇風機の風を直接植物に当てるのはNG。乾燥して植物が傷む。

やりすぎ注意！ 水やりは土が乾いてから

水は植物が生きるうえで欠かせないもの。水を通して根から栄養分を吸収しますし、光合成でつくられた糖やデンプンを運ぶ役目も果たします。**蒸散***作用によって、植物自身の温度調節にも使われています。

だからといって気をつけなくてはいけないのが水のやり過ぎです。枯らしてしまう原因の多くは、じつは水やりの頻度の多さにあります。水やりはタイミングが大切で、基本は「土が乾いてから、量はたっぷり与える」こと。土が乾いてからというのがポイントで、根は呼吸もしているため、乾く前に水を与え続けると土が常に湿った状態となり、酸素不足から**根腐れ***を起こしてしまうのです。また、植物は土が乾くことにより水を求めて根を伸ばす性質があるので、メリハリのある水やりが根の成長を促します。特に鉢植えの場合は、鉢の中の土全体がしっかり乾いてからやるようにしましょう。ただし、乾いた時間が長く続くと植物は枯れてしまいますので、土が乾いたのを確認したら早めに与えてください。

一度に与える水の量は、鉢植えの場合は鉢の底から流れ出るまで、庭植えの場合はしっかり地中にしみ込むまでたっぷりと。たくさん与えることで、土の中の空気も入れ替わります。鉢の下に受け皿を敷いている場合は、根腐れを防ぐため、皿にたまった水は必ず捨てましょう。

＊蒸散

植物の体内の水分が水蒸気として放出されることで、多くは気孔から行われる。

＊根腐れ

文字どおり根が腐って植物がだめになること。原因として、鉢の底部に水がたまって酸欠状態になる、肥料濃度が濃く根にダメージが出る、鉢内に老廃物や有害なガスがたまる、などが考えられる。

水やりの基本

ベランダや室内で植物を育てる場合は、
ジョウロが1つあればよいでしょう。
庭や花壇などの地植えは雨水を基本として
大きなジョウロやホースの準備を。

【ジョウロ】

タンクにためた水を筒の先から出せる道具。細かい穴からシャワー状の水が出るハス口が着脱できるものを選ぶと、向きを変えて狙ったところへ水やりができて便利。

ジョウロでの水やり

上／ハス口を下向きに回転させると、シャワー状の水を狙ったところへかけやすくなる。 左／鉢底から流れ出るまでたっぷりと水やりを。「チョロがけ」はNG！ 鉢の下に水が届かず、根が水を吸えない。

鉢土の乾き具合を確認するには？

鉢土に割り箸をさしておくと、箸が土の中の水分を吸うので、鉢土の様子がわかります。判断に迷ったら箸を抜いてチェック。写真のようにぬれていれば、まだ水やりはしなくてOKです。水やり直後の鉢を持って重さを覚えておき、軽くなっているかどうかで判断することもできます。

植物の成長に欠かせないN・P・Kとは

植物は光合成によってエネルギーをつくり出すこともできますが、継続して成長していくには根から吸収する栄養が欠かせません。そのなかで重要なのが、チッ素、リン酸、カリ（カリウム）。肥料の三要素と呼ばれ、それぞれの**元素記号***から、チッ素＝N、リン酸＝P、カリ＝Kと表記されます。肥料の袋を見ると「N-P-K=8-8-8」というように量と配合比率が明記されていて、この場合は100g中に各成分が8gずつ含まれることを表しています。

植物への作用はそれぞれ異なり、チッ素は主に葉や茎、リン酸は花や果実、カリは根の成長を促します。この三要素が肥料であり、植物にとっての食事に当たります。3つとも配合比率が多ければ多いほど植物が成長しやすいというわけではなく、植物によって必要な成分が異なるため、「バラ用」「観葉植物用」などのように、比率の異なる専用肥料も売られています。

このほかにも、リン酸分と同じように光などの外部からの刺激を細胞に伝えて根を生育させるカルシウムや、葉緑素をつくり、代謝をよくする鉄やマンガン、銅、亜鉛など植物が育つためには欠かせない成分があり、微量要素と呼ばれます。**活力剤***はこの微量要素が主成分で、いわば植物にとっての栄養ドリンク。それだけでは肥料としては使えません。肥料と活力剤を併用することで、より元気に育てることができます。

＊ 元素記号

物質を形づくる最も基本的な要素である「元素」を表すアルファベットの記号のこと。元素は現在までに地球上で118種の存在が確認されている。

＊ 活力剤

植物に元気がないときに、活力を高める目的で与えるもので、微量要素や各種ビタミンが含まれている。肥料を別途施す必要がある。

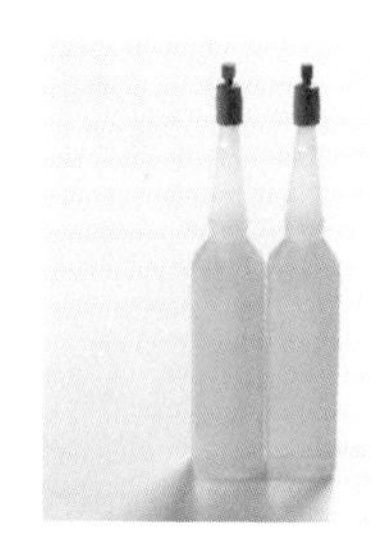

肥料の三要素はどこに効く?

肥料にはN、P、Kの順で
配合比率が書かれています。
これらがどこに効くのかわかれば、
肥料選びも簡単になります。

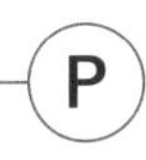

リン酸

花芽をつけたり、花を咲かせて実をつけたりするのを促す働きがある栄養素で「花肥」とも呼ばれる。不足すると花つきが悪くなる。

N

チッ素

植物が若い時期や、葉や茎を展開するときに必要な栄養素で「葉肥」とも呼ばれる。不足すると新葉が少なく、葉色が薄くなり、多すぎると葉色や形に異常が出るほか、病気にかかりやすくなることも。

K

カリ

植物を丈夫に育てるために必要な栄養素で、根の発達を促進することから「根肥」とも呼ばれる。日光不足や寒さへの抵抗力をつける作用も。

↓植物の成長や様子に応じた肥料の考え方

苗を植えつけたあと、植物を成長させたいとき。観葉植物など葉を楽しむ植物に。	→ N	**チッ素分が多く配合された肥料**
花がたくさん咲く植物で、花数が減ってきたときや果樹などの実つきをよくしたいとき。	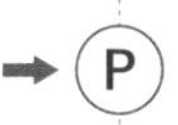	**リン酸分が多く配合された肥料**
室内の鉢花や球根、根菜類を充実させたいとき。冬越し前に根をしっかり張らせたいとき。	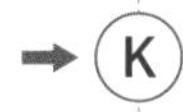	**カリが多く配合された肥料**
葉色が薄く、成長が遅いと感じる	→	**微量要素(活力剤)**

N・P・K=葉・花・根は
母なる根
‘は’‘はな’る‘ね’
と覚えましょう!

part 2 そだてる編

最初の元肥、成長に応じた追肥で役割分担

植物を育てる際の肥料は、施すタイミングによって元肥と追肥に分けられます。元肥とは、植物が植えつけられたあと、成長するために必要な肥料で、あらかじめ土に混ぜ入れておく肥料のことです（培養土に配合されている場合も）。追肥は文字どおり追加で施す肥料で、生育するにつれて不足する肥料分を補うものです。特に鉢で植物を育てる場合は、水やりのたびに肥料分が流れ出てしまうので、植えつけから1か月ぐらいで元肥の肥料分が不足し、場合によっては早めの追肥が必要になります。

実際に施す肥料を選ぶときは、効き方や形状も要チェックです。効き方には、速効性（すぐに効果が出るが、長く続かない）、緩効性（ゆるやかに長く効く）、遅効性（効果が出るのに時間がかかる）がありますが、元肥には、緩効性で粒状の肥料を選んで、土に混ぜるのがおすすめ。追肥の場合は、肥料不足をすぐに補いたいので、速効性か緩効性を選びます。特に水で希釈して使う液体肥料は、根にダイレクトに届くので、人間の注射と同じようにすぐに効果が表れます。

ただし、肥料は多く与えればいいというものではありません。与えすぎると**肥料やけ***を起こし、弱って枯れることもありますので、必ず規定量を守りましょう。

化成肥料

化学肥料、有機質肥料を問わず、複数の原料を使い、化学的な工程を経て粒状にした肥料。どの1粒にも同じ成分が同じ量含まれるようにできている。

＊ 肥料やけ

肥料が多すぎることにより、根から水分が流出して水を吸えなくなり、株全体がしおれてしまう現象。濃度が薄いものが濃いほうへと水分を移動させ、同濃度になろうとする浸透圧の働きによって起こる。

追肥に使う2つの肥料

液体肥料は水で薄め、
水やりの代わりに施しすばやく効かせます。
固形肥料は土の上に置く「置き肥」で。
肥料に水や雨がかかると徐々に溶け、
長く効きます。

【 液体肥料 】

原液タイプは、植物によって希釈する濃度が違うので、容器に書かれた説明を確認しよう。濃度が濃いと肥料やけを起こすことも。

【 固形肥料 】

固形の化成肥料。写真のような錠剤タイプは土の上に置いて使う（置き肥）。

植物が肥料に直接触れると肥料焼けを起こすおそれがあるため、根元から離し、土に軽く押し込む。

肥料やけはなぜ起こる?

適量の場合

肥料濃度が適切なため、根から肥料分も水分も正しく吸収されていく。

多すぎる場合

肥料濃度が濃すぎるため、薄めようと根の水分が流出し、しおれてしまう。

素材や形によって、植物の育てやすさも違う！

鉢には素材や大きさ、見た目のデザインなど、さまざまな種類があります。素材には、焼き物や木製などの天然素材でできたものや、プラスチックやポリエチレンなどの樹脂でできたもののほか、ブリキやモルタルを使ったものもあります。

鉢の大きさは「号」と呼ばれるサイズの単位で区分けされ、1号数字がふえるごとに直径が3cm大きくなります。また、鉢の深さにも違いがあり、サツキやアザレアのように根を横に張る植物や、一年草をその季節だけ楽しむような寄せ植えでは、平鉢という浅い鉢を使うことが多いです。一方、クレマチスやコキアのように根をまっすぐ下に伸ばす**直根性**(ちょっこんせい)*の植物や、フィカスやドラセナのように背丈が大きくなる植物は深い鉢に植えると安定して育てられます。

プラスチック製の鉢は水もちがよいので乾燥に弱い植物にもおすすめ。一方、ブリキなどの金属製の鉢は見た目がおしゃれですが、夏は日光に当たると鉢の中が高温になるので注意が必要です。おすすめはプラスチック製のスリット鉢。鉢の側面から底面にかけてスリットと呼ばれる細長い切れ込みが入っているため、通気性や水はけがよく、光を嫌う根の性質を逆手にとって、鉢土の内部まで根をしっかり張らせることもできるという優れものです。

＊直根性

細かく分かれた根が少なく、太く長い根をまっすぐ下に伸ばす性質のこと。この根をもつケイトウやルピナスなどの植物は、植え替えのときに根を傷めないよう注意する。

鉢底ネット

鉢底に開いている大きな穴は、鉢底ネット（写真）を置くと土が流れ出るのを防げるほか、ナメクジなどの侵入も防げる。網目の粗い水切りネットなどでも代用できる。

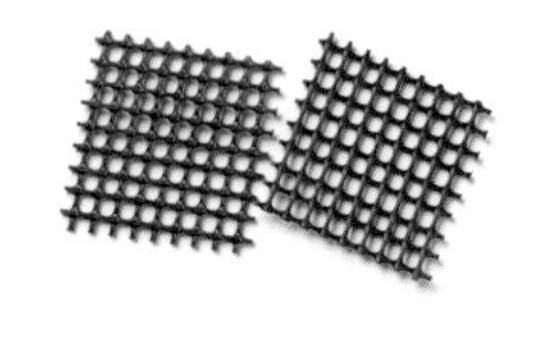

鉢の規格を知ろう

鉢売り場に行くと、同じ鉢のサイズ違いが
たくさん並んでいます。
植えたい植物にぴったり合うよう、
鉢のサイズにはある程度の
規格があります。

［1号 = 3cm］

4号鉢

直径 約12cm

5号鉢

直径 約15cm

入る土の量は5号鉢で1ℓほど。1号違うと内部に入る容量もだいぶ変わる点に注意。

鉢の素材と特徴

【 プラスチック鉢 】

プラスチック製のいわゆる"プラ鉢"は価格が安く、軽くて持ち運びが楽。水もちがよいので、水やりの頻度は気をつけて。

【 スリット鉢 】

プラスチック製で、側面から底面にかけて細長い切れ込みが入っている。通気性や排水性に優れ、根が鉢の中央部にも張りやすい。

【 ブリキの鉢 】

ブリキは鉄にすずをメッキしたもので、さびにくいのが特徴。おしゃれで独特の風合いがあるが、夏は太陽の光で高温に。

【 化粧鉢 】

釉薬をかけて焼いた鉢。通気性が悪いので水やりの管理が少し難しくなる。小さな鉢を中に入れて鉢カバーとして使っても。

【 素焼き鉢 】

釉薬を塗らずに焼いた素焼きの鉢。通気性に優れているので鉢土が乾きやすく、水やり過多で根腐れさせる心配も比較的少ない。

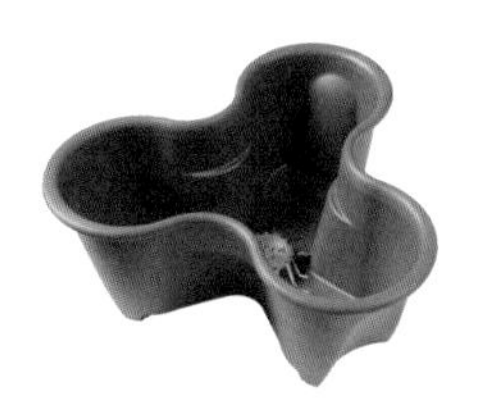

【 プランター 】

草花や野菜の栽培に用いる容器のことで形はさまざま。写真はプラスチック製で、積み重ねてイチゴのタワー栽培（P.91）に使えるもの。

排水性と保水性、両方がよい土の秘密

植物にとって、土は自分を支える土台であり、根から水や養分を吸収し、呼吸をするための大事な場所。その後の生育は土で決まるといえます。よい土は次のような特徴をもっています。

↓よい土の特徴

1・通気性がよい　2・**排水性***がよい
3・適度な**保水性***がある　4・**保肥性***がある
5・発酵した有機物が含まれている
6・根を支える適度な重さがある　7・植物に合った酸度（多くは弱酸性〈pH5.5〜6.5〉）
8・病原菌や害虫がいない

一見すると、**2**と**3**は相反するように思えますが、排水性ばかりよくて保水性が悪いと土の中が乾燥しがちで根が十分に水を吸えません。逆に保水性ばかりよくて排水性が悪いと根腐れしてしまいます（P.50）。つまり、水はけがよいのはもちろん、適度に水もちもよいことが、植物が生きるうえで大切なのです。

市販されている土には草花用や野菜用などのブレンドされた培養土と、**赤玉土***や鹿沼土、黒土のように単体の用土があります。単体の用土だけでは8つの特徴を満たすことが難しいので、**腐葉土***や**堆肥***などの発酵した有機物を混ぜて、バランスのよい土に配合する必要があります。

＊ 排水性

水はけのこと。水がしっかりはけることで、土も乾きやすく、新鮮な水をどんどん与えられる。

＊ 保水性・保肥性

それぞれ水、肥料を保つ力のこと。植物に必要な水分、肥料分を土の中に保持できる。

＊ 赤玉土

関東ローム層の赤土が粒状になったもの。通気性や排水性、保水性、保肥性に優れている。

＊ 腐葉土・堆肥

腐葉土はクヌギなど広葉樹の落ち葉を、堆肥は鶏ふんや牛ふん、わらや枯れ草などを発酵・分解させたもの。土を改良する効果をもち、通気性、排水性、保肥性にすぐれ、赤玉土と混ぜると万能培養土になる（右ページ参照）。

よい土は団粒構造がある！

植物が喜ぶ土は、
フカフカで粒と粒の間にすき間があります。
根をしっかり伸ばせ、水や養分、
呼吸も自在な土には、
団粒構造という秘密があります。

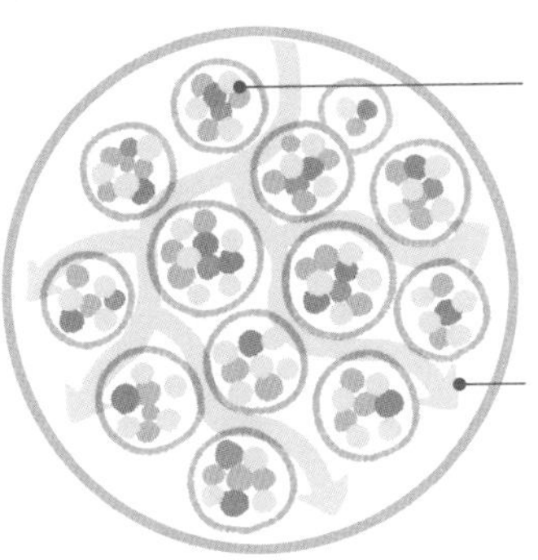

腐葉土などを土に混ぜると、有機物をエサにしている微生物などの働きによって土の粒子がいくつか集まり、大きな粒（団粒）になる。

"三上流" 簡単！万能培養土のすすめ

簡単ですぐにできる
培養土の配合を紹介します。
たいていの植物は、
この土ですくすく育つので
おすすめですよ！

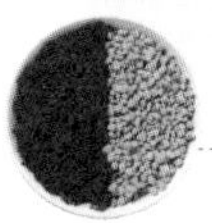

腐葉土や堆肥が入っている市販の草花用培養土と、赤玉土中粒。割合は5：5で、必要な分だけ用意する。

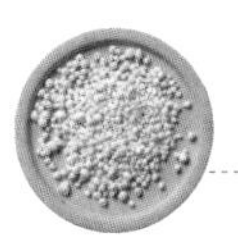

草花用培養土に元肥が含まれていない場合は、粒状の緩効性化成肥料を規定量入れる。赤玉土はリン酸分を吸着するため、リン酸分（P）多めの肥料がおすすめ。

たいていの植物はこの土でOK！

よく混ぜた三上流の万能培養土。赤玉土中粒を混ぜることで土の間にすき間ができ、排水性や通気性がアップ。重さが出て植物が安定する。

私はこの土で
草花はもちろん、
サボテンや多肉植物も
育てています！

hint! 23 : 道具の選び方

100円ショップの道具も、アイデア次第で便利

「弘法筆を選ばず」という言葉がありますが、趣味で園芸を楽しむなら、道具は自分の好きなものを使うのがおすすめです。といっても、珍しいものや高価なものを無理して手に入れる必要はありません。100円ショップで売っている園芸道具にもすばらしいものがたくさんありますし、アイデア次第で便利な園芸道具に早変わりするものもあります。必要は発明の母、こんな作業に使える道具があるといいのになぁと思いながら売り場を歩いていると、意外なところからヒントが浮かぶこともあります。

以前、鉢の中で根がぎゅうぎゅうになってしまった株の植え替えをするときに、ふと思いついて根切りナイフの代わりに100円ショップで買った料理道具で代用したことがあります。ケーキ用の**スパチュラ***なのですが、思った以上に便利だったので、今はもはや自分にとっての大事な園芸道具になっています。キッチン用のゴム手袋も、ガーデングローブの下にはめて二重にすると、植物のとげが刺さりにくくなるので便利です。

なお、園芸道具はいろいろな作業で使い回すことになるので、その際、別の株についていたウイルスなどをうつしてしまうことのないよう、使用後はよく洗い、ハサミなどはアルコールなどで消毒をして、清潔な状態を保つようにしてくださいね。

＊ スパチュラ

ケーキのデコレーションなどに使う道具で、100円ショップでも売られている。植え替えの際に鉢から株を出したり、フラワーアレンジメント用の吸水フォームをカットしたりと便利に使える。

スパチュラは
ナイフと違い
手を切る心配が
ないので安心です！

基本の園芸道具

ここでは、植物を育てるために、
「これだけは用意しておきたい」という
おすすめの園芸道具を紹介します。
使いやすい道具があれば
園芸作業も楽しくなりますよ。

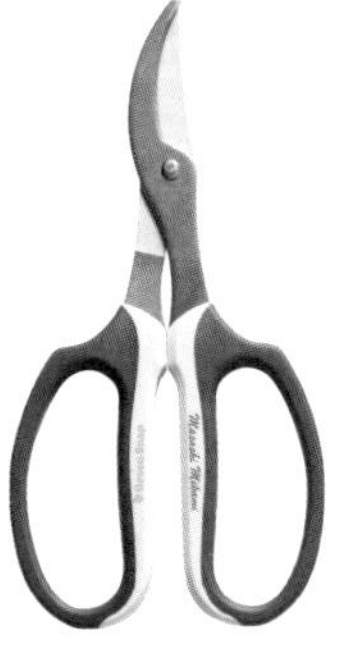

【 ジョウロ 】

タンクにためた水が筒の先についたハス口から出る、水やりに欠かせない道具。プラスチック製やブリキ製があり、ためられる水の量も1ℓ程度から、10ℓ近く入る大きなものまである。

【 ガーデニングバサミ 】

切り花から小枝まで切れるガーデニングバサミ。園芸作業に必須な植物を切るハサミはよく切れる専用のものを選ぶことが大切。写真は愛用のオリジナルバサミ。

【 クラフトバサミ 】

100円ショップで購入できるクラフトバサミ。土の袋や麻ひも、ビニールタイなど、植物以外を切るときに。ガーデニングバサミが刃こぼれしないように、使い分けがおすすめ。

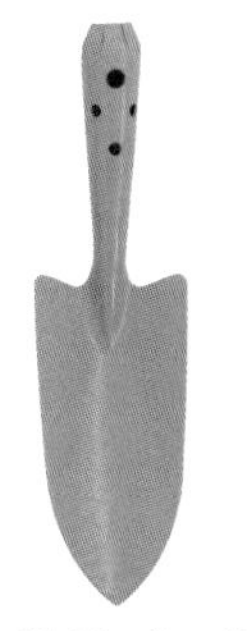

【 土入れ 】

植えつけや植え替え、寄せ植えなどで鉢に土を入れる際に大活躍。土は手で直接入れることもできるが、必要な場所にこぼさずに入れるには土入れが便利。

【 移植ゴテ 】

苗を植えるのに必要な、土を掘る、耕す、植物を掘り起こす、植え込むといった一とおりの作業をこなせる便利な道具。コテの長さや幅、大きさはさまざま。

【 霧吹き 】

観葉植物などの葉に霧状の水をかける「葉水」や、タネまきの土を湿らせる際に使う。細かな霧が出るものがおすすめ。

直根性の苗は根鉢をくずさないで植える!

ポット苗の植物を鉢や花壇などに植えることを「植えつけ」といいます。ポット苗は仮植えの状態なので、根の伸びる領域が狭く、そのまま育てていると根が行き場を失い、生育不良を起こしてしまいます。ポットから出して、庭や鉢に植えつけましょう。

植えつけの適期は植物にもよりますが、多くは活動期に入る春と秋で、ポットよりも一～二回り(1～2号)大きな鉢に植えます。将来的に大きく育つことがわかっている植物なら、できるだけ大きな鉢に植えつけたほうが植え替えの手間も減ってよさそうな気がしますが、大きな鉢に小さな苗を植えつけるとまだ吸水量が少ないため鉢土が乾きにくく、根腐れの原因になります。段階的に大きな鉢に植え替えていきましょう。

根鉢*をくずすかどうかは、根のタイプによって違います。一般的に太い根をまっすぐ伸ばす直根性の植物は根をいじられるのを嫌うため、根鉢はあまりくずさずに植えましょう。直根性ではなく、株元から細かい根がたくさん出てひげ根になる植物は、軽くほぐしてから植えると、よく根が張ります。

また、植えつけのときは、表土の位置は鉢の縁から2cmほど下げるようにします。ここが水やりの際に土がこぼれないよう一時的に水をためられる場所(ウォータースペース)になります。

＊ 根鉢

植物を鉢から抜いたときに出てくる、根と土がひとかたまりになった部分。

直根性とひげ根

直根性の根は、中央の太い根がまっすぐ下に伸びる。

ひげ根は、株元から細かな根がたくさん伸びる。

ビオラの苗の植えつけ

3.5号ポットのビオラの苗を
5号鉢に植えつけます。
ビオラの根は
細かな根がたくさん生えるひげ根なので、
根を多少切っても問題なく育ちます。

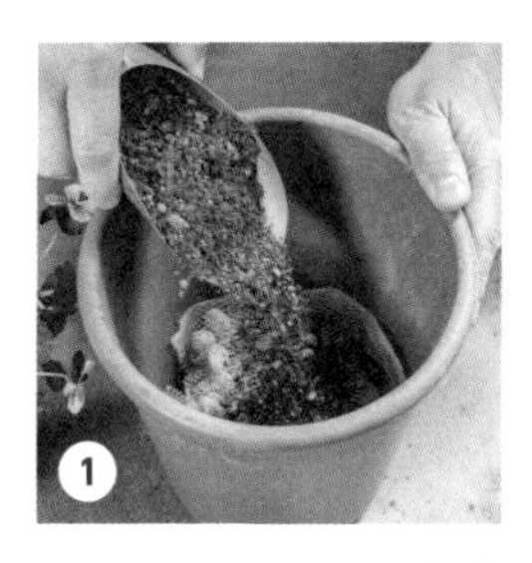

鉢底が隠れるくらい、鉢底石を入れる。土入れを使い、P.59で紹介した"三上流"万能培養土を少し入れる。

苗を置いてみて、ポットと鉢の上部が合うように培養土を加減。こうするとポット苗と同程度のウォータースペースができる。

根鉢の底。そのままだと植えつけ後の発根が悪いので、絡んでいる部分を少しほぐす。

鉢の中央に苗を入れ、周囲に培養土を足し入れる。

苗が鉢の中心からずれないように気をつけながら、培養土を手で押し込む。

手で押し込んでへこんだ部分に培養土を足し入れ、全体の見た目を整えて完成。最後にたっぷり水をやる。

根鉢をくずさないで植えたほうがよい直根性の草花

春咲き ………… キンギョソウ、キンセンカ、スイートアリッサム、スイートピー、ネモフィラ、ルピナスなど

夏〜秋咲き …… ケイトウ、コスモス、ジニア、ナスタチウム、ニチニチソウ、ヒマワリなど

鉢に球根を植えたら、その後の水やりにも注意

チューリップやムスカリなどの春に花を咲かせる球根植物は、秋に植えるので秋植え球根といいます。寒さに強い反面、夏の暑さに弱いため、夏を球根の状態で休眠して過ごし、秋から冬にかけて寒さに当たることで休眠が破れ、春に開花します。一方、ダリアやグラジオラスなどの夏に花を咲かせる植物は、寒さに弱い春植え球根で、春から成長して開花したあと、秋の終わりから休眠します。本来、球根植物は一度植えたら植えっぱなしでも毎年咲きますが、ラナンキュラスやチューリップなどは、高温多湿で雨の多い日本の夏を越せず、植えっぱなしでは腐ってしまうこともあります。これらは一度掘り上げて、また秋に植え直しましょう

球根を植える場合は、球根3つ分の深さを目安にしますが、鉢に植える場合は、なるべく根を張らせるため、球根2つ分ほどの深さでかまいません。なお、球根を植えたあと、芽が出てくるまでの間に忘れがちなのが水やり。やりすぎには注意し、土が乾いたら与えましょう。

毎年咲かせるために重要なのは、花が終わったあと。花がらは切りますが、葉は完全に枯れるまで切らないでください。葉でしっかり光合成させて球根を太らせ、来年のための栄養を蓄えさせましょう。

庭に植える場合

花壇などでは球根3つ分の深さの穴を掘って植える。植える間隔は球根2つ分が目安で、なるべく離したほうが球根が太りやすい。

鉢に植える場合

なるべく根が張るスペースを確保できるよう、深鉢に植える。上にかける土は球根1つ分程度、球根同士の間隔も球根1つ分を目安に。

○ 球根とそれぞれの花

球根はさまざまで、
変わった形のものも！
それぞれ芽が出るほうを
上にして植えつけましょう。

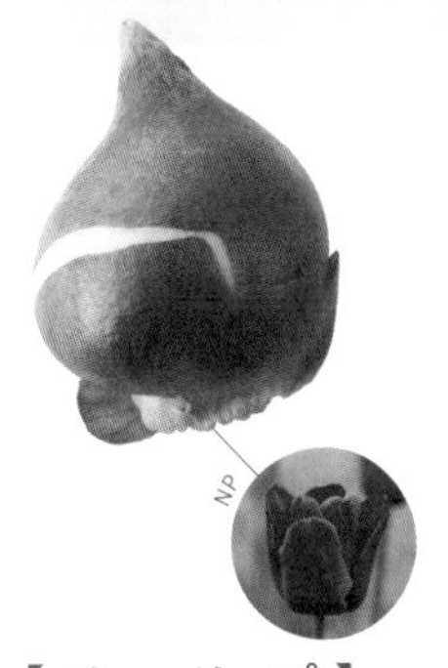

【 チューリップ 】

秋に植えたあと成長し、3〜5月に1〜2週間程度花を咲かせる。品種により開花期が異なるので、組み合わせると長い間、花を楽しめる。

【 ムスカリ 】

植えつけは10月〜12月中旬。3月から5月に開花。写真の青紫花（アルメニアカム種）のほか、白花、ピンク花などもある。

【 ダリア 】

6月中旬〜11月と花期の長い春植え球根。冬に5℃を下回る地域では、秋に葉が枯れたら球根を掘り上げ、バーミキュライト（P.66）に埋めて春まで室内で保存。

【 スイセン 】

秋から生育し、11月中旬〜4月に開花。夏には葉が枯れて休眠。湿度や夏の蒸れにも比較的強く、植えたままでも毎年花を咲かせる。

【 スノードロップ 】

2〜3月に開花し、6月に葉が枯れて休眠。夏も土壌が乾きすぎない場所での栽培が向いており、植えたまま夏越しできる。

【 ラナンキュラス 】

比較的耐寒性のある秋植え球根。10月ごろに植え、4〜5月に開花。「ラックス」シリーズは庭植えのまま夏越しできる。

: タネまき

発芽に大切なのは、水・酸素・温度!

小さなタネから、青々とした葉やカラフルな花をつける立派な植物の姿へ……。植物が1から育つ姿を楽しめるのがタネまきの魅力です。ポット苗を購入するよりも安くたくさん育てられることや、苗を売っていない植物も育てられることに加え、発芽の瞬間や幼い苗の様子などもつぶさに観察できます。

タネまきの時期は、寒さに弱い植物なら春に、暑さに弱い植物なら秋に行うのが基本です。タネの発芽には水、酸素、温度の3つが必要で、乾燥したタネが水を含み、酸素が取り込まれるとタネが活動を開始します。タネから根や芽が出るには、それぞれの植物に適した温度があります。発芽適温はタネ袋に書いてあることが多いので、書いてある情報をよく読んで、そのとおりにまくと失敗しにくいでしょう。

タネまきには、**ピートモス***や**バーミキュライト***、赤玉土などの通気性と保水性がよく、無菌の土を使います。タネまき専用の土も売っています。植物を育てたあとの古い土は、病気の原因となる細菌などが入っていることもあるので避けましょう。タネをまいたあとは、タネが乾燥したり飛んだりしないように、土をかぶせる「覆土(ふくど)」を行います。覆土の厚さは植物によって異なり、光を好むもの(**好光性(こうこうせい)***)は3mm以内、嫌うもの(**嫌光性(けんこうせい)***)なら5〜10mm程度が目安です。

*** ピートモス**

ミズゴケなどが堆積してつくられた泥炭を乾燥させ、細かく砕いてできた用土。

*** バーミキュライト**

苦土蛭石(くどひるいし)と呼ばれる鉱物を高温処理してできた用土。

*** 好光性と嫌光性**

発芽の際に光の影響を強く受ける植物のなかには、光を好む「好光性種子」と、光を嫌う「嫌光性種子」がある。特に、嫌光性種子の場合は、タネをまいたあとの覆土が足りないと発芽しないこともある。

発芽までは
土が乾かないようにし、
発芽後は日に当て
乾いてから水やりを!

小さなタネをまく

ビオラの場合

卵のパックにタネをまいてみましょう。
ビオラのような直径1mmに
満たない小さなタネは、
2つに折った紙とつまようじを使うと便利。
発芽し成長したら鉢や庭に植えましょう。

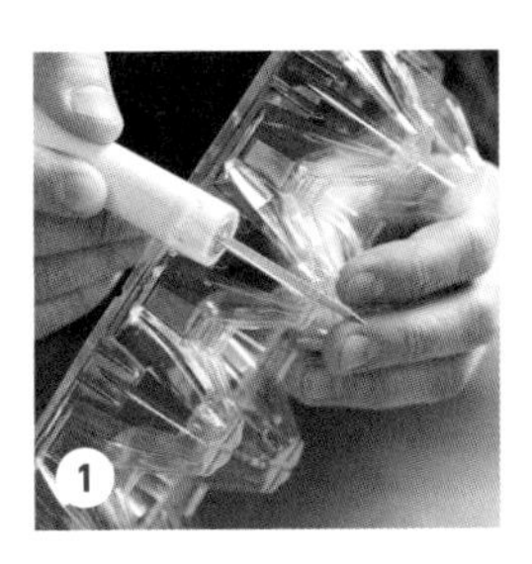

1 卵パックのふたの部分を切り離し、もう片方の底にキリなどで穴を開け、排水穴をつくる。

2 タネまき用土を入れ吸水させる。折った紙の上にタネをのせ、つまようじで1か所あたり2〜3粒ずつまく。

3 タネの上に土をかける（ビオラは好光性なので2〜3mm程度）。その後、霧吹きで水をかけて湿らせる。

大きなタネをまく

マリーゴールドの場合

マリーゴールドなどのまっすぐに
根を伸ばす直根性タイプの植物は
植え替えのダメージを受けやすいため
はじめから深さのあるポットにまくか、
鉢や花壇などに直まきします。

1 ポットにタネまき用土を入れ吸水させたら、指で表土に小さなくぼみをつくり、タネを1〜2粒入れる。

2 タネの上に土をかける（マリーゴールドは嫌光性なので5〜10mm程度）。

3 手で軽く押さえて土を落ち着かせたら霧吹きで水をかけて湿らせる。発芽までは乾かさないようにする。

基本は鉢増し。鉢のサイズを変えない方法も

植物を植え直すことを植え替えといいます。鉢に植えられた植物は根を伸ばすエリアが限られていて、成長によっていずれスペースに限界がやってきます。鉢の中で行き場をなくすほど根が張ってしまった状態が「根詰まり」で、次第に生育が悪くなってきます。

植え替えのタイミングは鉢の大きさと、植物の成長度合いにもよりますが、早いもので1年、遅いものでも2～3年で植え替えましょう。植物のほうから植え替えのサインを出していることも多く、鉢底から根が伸びていたり、水やりをしても水がなかなかしみ込んでいかなかったら要注意です。それ以外にも、新芽が出てこない、葉が小さくなる、葉色が悪くなるといった**生育障害***を起こすこともあります。

植え替えの適期は、基本的に植物が成長期に入ったタイミングですが、バラやアジサイなどの落葉樹では、葉を落とす冬の休眠期に作業を行うことができます。(P.37)

なお、成長するにつれ大きな鉢へ植え替えることを鉢増し(はちまし)といい、これが植え替えの基本です。ただし、鉢を大きくしたくない場合は、植物に耐性があれば、根を切り詰めて同じ大きさの鉢に植え替えることが可能です。根全体を3分の1ほど取り除く方法のほか、根の底側3分の1を切り取ってから植え直しましょう。

＊生育障害

生育に必要な要素の過不足、または根からそれらが吸収できず、成長に悪影響が出ている状態。

○ 植え替えの基本

鉢で育っている植物を
植え替える際は、
その植物が植えられている鉢より
一回り(1号)大きな鉢へ
植え替えるのが基本です。

植え替え前

鉢の中でめいっぱい根が伸びて、窮屈になっている。このままだと生育にも悪影響が出る。

植え替え後

根鉢を軽くほぐして一回り大きな鉢へ(5号鉢なら6号鉢へ)植え替える。根鉢の外側に新しい用土が入り、新しく根を張れるエリアがふえた。

○ 鉢サイズを変えずに植え替える場合

置き場の都合や、
見た目のこだわりなどから、
同じ鉢で育て続けたいこともありますよね。
根をいじっても大丈夫な植物であれば、
同じサイズの鉢に植え替えられます。

植え替え前

鉢の中でめいっぱい根が伸びた状態。通常は鉢増しだが、直根性の植物などを除き、根を整理することで同じ鉢に戻せる。

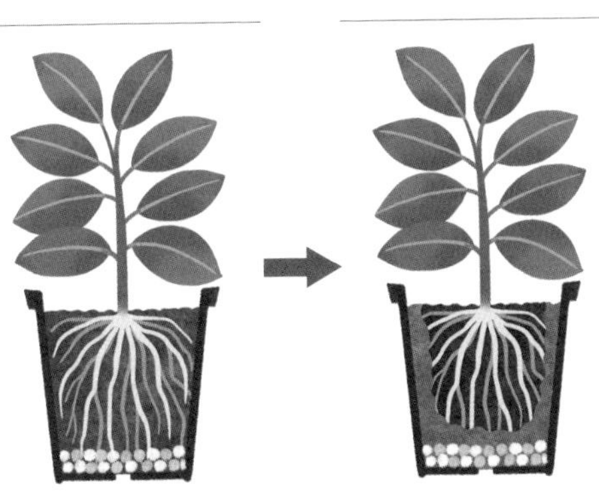

植え替え後

根鉢をやさしくくずし、白く元気な根は残し、黒く傷んだ根を中心に3分の1ほど取り除く。同じ鉢に新しい培養土で植える。根鉢の外側に、新しく根を張れるエリアがふえた。

hint! 28 ： 土のリサイクル

古くなった土は真夏に再生できる！

鉢やプランターで植物を育てたあとの土は、扱いに困るものの1つ。リサイクルを考えている方も多いでしょう。しかし、植物を育てたあとの土は、肥料分が使われてしまい、菌や害虫、その卵などが含まれていることもあるので、そのままでは植物がうまく育ちません。

土を再生するには、土の中に残っている古い根やごみなどを取り除いてから（**ふるい**＊で"みじん"とよばれる細かな土も取り除くことができれば、さらに状態がよくなる）、ポリ袋に入れて十分水で湿らせ、真夏の高温と強い日ざしで日光消毒。その後、赤玉土と腐葉土を元の土の2割ほど混ぜ込み、元肥用の肥料を加えれば、新しい用土と同じように使えます。

＊ ふるい

網目によって土をえり分ける道具。ゴミや細かな土を取り除くことができ、網目を交換できるタイプもある。

真冬もチャンス！
氷点下になる時期に
土全体を
霜と寒風に当てて
消毒を！

○ 真夏の日ざしで蒸し焼きに

コンクリートの上など暑くなる場所に10日間ほど置き、直射日光に当てる。時折、袋の上下をひっくり返して、土全体を日光に当てて消毒する。

hint! **29** ：不快害虫対策

コバエよ、さようなら！ 赤玉土で一挙解決

虫の発生を恐れて、部屋に土のある植物を置きたくないという方も少なくありません。特に**コバエ***は困りものですよね。

コバエがつく原因は植物ではなく、じつは土にあります。土の中の有機物がエサとなり、土に卵を産みつけることで起こるのです。そのため、コバエのエサとなる有機質の土を無機質の赤玉土に入れ替えるだけで、大きな効果があります。コバエが卵を産みつけるのは、表土から数cm程度といわれているので、上部5cmほど土を取って入れ替えるだけ。新しく観葉植物をお迎えしたら、まず最初にこの作業をしましょう。また、**鉢受け皿***にたまった水にも卵を産むことがあるので、必ず捨ててくださいね。

＊ コバエ

小型のハエの総称。植物まわりにつくコバエは、キノコバエやチョウバエなど。寿命は約1週間だが多ければ300個の卵を産むといわれ、3〜4週間で成虫になる。

＊ 鉢受け皿

鉢の下に敷く皿で、鉢底からもれる水や土を受けるもの。水をためたままにしておくと根腐れやコバエの発生の原因となるので、捨てるのが大事。

○ コバエの出ない観葉植物のつくり方

1 観葉植物を鉢から抜く。

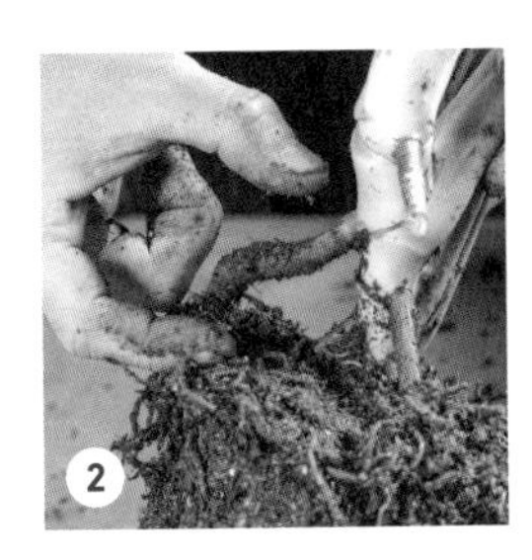

2 根鉢の上面の土を厚さ5cm以上取り除く。根を切らないように注意する。

3 植物をそのまま鉢に戻す。土を取り除いた部分に赤玉土中粒を入れ、完成。

植物も人も喜ぶ！ まさに“ピンチはチャンス”

植物の枝や茎の先端を切ることをピンチ、または摘芯といいます。節から葉が対に出る植物の場合、両方の葉のつけ根に芽があるので、ピンチをすると、切ったところの下の節から**わき芽**＊が2つ伸びてきます。枝数が倍になるので、株全体にボリューム感が出て、花もたくさん咲くようになります。というのも、植物には**頂芽**＊優勢といって、一番先端にある芽がほかの芽よりも優先的に伸びる性質があるんです。ピンチをすれば頂芽が2つになって両方伸びますが、切らずに育てていると基本的に1つの頂芽がひょろひょろと伸びるだけ。

そんな株を目にしたら、私はいつも「切らないと損ですよ」とお伝えしています。「花が咲いているとかわいそうで切れない」と思われるかもしれません。しかし、植物は切られることで生きるために必要な枝葉をふやせ、子孫を残すための花も倍以上咲かせられます。むしろ切らないほうがかわいそうなのです。

パンジーやビオラは強いので、細かいことを考えず、花が咲いていてもハサミを入れましょう。バジルやミント、ローズマリーなどのハーブは、収穫量が倍増しますよ。また、ペチュニアは梅雨前にピンチで株の姿を整えると、風通しがよくなり、梅雨の間に蒸れてダメにならず、梅雨明けは花でいっぱいになります。まさに“ピンチはチャンス！”ぜひ実践してみてください。

＊ わき芽

先端ではない葉のつけ根（節の部分）から出る芽のこと。切り戻すときはこの上で（写真はキンギョソウ）。

わき芽

＊ 頂芽

茎や枝の先端にある芽のこと。植物には頂芽が優先的に伸びる性質（頂芽優勢）があり、頂芽を切ることで、その下の芽が伸び始める。

花を残したピンチの方法

今咲いている花を
すべて切ってしまったら、
再び花が咲くまで1か月近くかかります。
見た目がさみしくならないように
ピンチしてみましょう。

ピンチをする前

満開のビオラだが、花が咲いているうちに切ったほうが茎の伸びがよい。思い切ってハサミをいれて、さらに花をふやそう。

ピンチをした後

今咲いている花をある程度残しながらピンチし、花を楽しみながらボリュームアップ。切った花は水を張った器に入れて飾って楽しもう。

ピンチをする場所はここ!

根元から2節以上残し、節の上を切る(ここでは下から3節目の上)。1茎おきにすかすように切ると、バランスがよくなる。

：挿し木

簡単なポトスの挿し木で成功体験を積もう！

“観葉植物の**挿し木***”と聞くと、なんだか難しそうに思うかもしれません。でも心配ご無用。植物によっては驚くほど簡単にできるんです。私自身、子どものころから植物好きの親と一緒にポトスの挿し木を楽しんでいて、5～6歳の私でも簡単にできていました。そのときは土ではなく水に挿す、水挿しでした。

比較的簡単にできるのはサトイモ科の観葉植物。モンステラやフィロデンドロンなど、**気根***の出るタイプがおすすめです。そのなかでも成功率ピカイチなのがポトスです。植物を育てた経験の少ない方は、まずはポトスで“成功体験”を積むところから始めてみましょう。

ポトスで水挿しをする際は、伸びた茎を2**節***くらい取るようにして切り、葉は1～2枚だけ残しておきます。春～秋の暖かいポトスの成長期なら1週間ほどで発根します。冬でも日当たりのよい窓辺に置いておけば、1か月ほどで発根します。

水挿しの観葉植物はそのまま水を交換しながら育てることもできますし、土に植えて鉢栽培することもできます。鉢に植えつける際は、根の“属性”を水から土に切り替える必要があるので、まずは赤玉土などの肥料分のない土に植えつけ、徐々に土の中に慣れさせましょう。

＊挿し木

植物の茎や枝を切り、それ（挿し穂）を土などに挿して発根させ、増やす方法。

＊気根

枝や茎に発生して空気中に伸び、養分や水分を吸収したり、ほかのものに付着して体を支えたりする根のこと。

＊節

葉がついている茎の部分。「せつ」ともいう。

土中に張る根と
水中で育つ根は
性質が違うので、
私はそれぞれ
“土属性”、“水属性”と
呼んでいます！

ポトスの水挿しに挑戦！

挿し木の失敗の原因の1つに
水やり（やりすぎ orやらなすぎ）
があります。でも、水挿しなら
常に水を張っておけばよいので簡単！
失敗の確率が、ぐんと下がります。

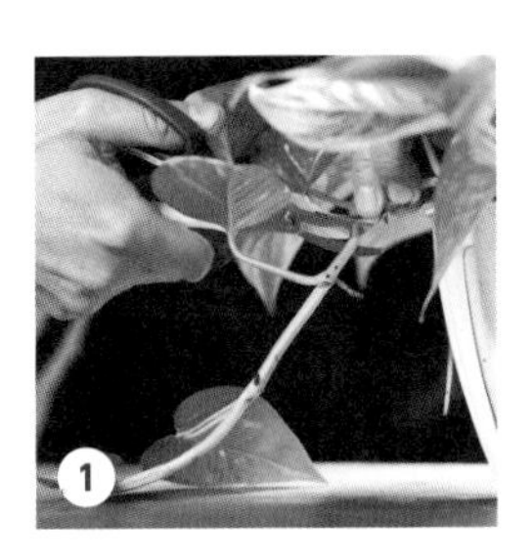

ポトスの伸びた茎を、2～3節取るように切る。長い茎からたくさん取れる。

下の節から出ている葉をつけ根から切り取る。葉は1～2枚あれば大丈夫。

気根や節がつかるように、水を入れた容器に挿す。できれば毎日、少なくとも3日に1回は水を入れ替える。ときどき容器も洗い、水の濁りを防ぐ。

“水属性”の根がしっかり伸びて、新しい葉も出てきた。そのまま水耕栽培として育てることもできるが、より大きく育てたい場合は、鉢に植えつける。

花束のコルジリネはチャンス！

人からいただいた花束のなかに、花と一緒に鮮やかな葉をもったコルジリネが入っていることがあります。これ、じつは観葉植物として人気の植物。寒さには弱いですが、暑さに強く、ポトス同様に暖かい時期なら簡単に発根します。花瓶などに生けて根を出させてみても楽しいですよ。

切り花に入っていることの多いコルジリネ。赤い葉の種類もある。

人の手助けで植物をパワーアップさせよう

日本の夏はこの10年ほどで、気候がガラリと変わってしまいました。最高気温が40℃に迫るような日が続くかと思えば、突然バケツをひっくり返したようなゲリラ豪雨であたり一面水浸しということも。これは、皆さんも実感していることではないでしょうか。実際、生産者さんやガーデナーさんたちとお話ししても、今までの育て方ではうまくいかなくなってきているという声を聞きますし、私自身もそれをひしと感じています。

今こそ、園芸によって植物の手助けをし、日本の過酷な環境に耐えられるよう、強く育てていきましょう。植物はもともと優れた環境適応力があり、少しずつ環境に慣らすことで、一般的に夏越しや冬越しが難しいといわれているものでも、しっかり越すことが可能です。実際、私の家の観葉植物や多年草、多肉植物なども寒さに強くなってくれて、ずっと外のままで越せています。

ポイントは徐々に慣れさせていくことです。植物は急な環境の変化には弱いので、夏なら、切り戻しや、**すかし剪定**(せんてい)*で**蒸れ***を防ぎ、風通しのよい場所に置く。冬なら、北風や霜に当てないように防寒対策をするなど、植物が環境に適応できるよう手助けをし、少しずつ慣れさせていけば、年々耐性がつき、パワーアップした強い株に育ってくれますよ。

＊ すかし剪定

文字どおり茎や枝の間を"すかす"ように切る剪定方法。髪を切るとき、髪のボリュームを抑えるために、間をすかすようにカットしてもらうのと同じ。すかすことによって、風通しがよくなり病害虫の発生も減らせる。

＊ 蒸れ

雨水や水やりなどで湿度の高まっているときに、直射日光が当たり、高温で植物が蒸れたような状態になること。株同士が密集していたり、葉や茎が混み合っていたりする状態で、風通しが悪いと起こりやすい。

真夏と真冬の植物の状況は?

真夏と真冬は人にとっても過酷な厳しい環境ですが、植物はどういった状態にあるのでしょうか? それに対して人が手助けできることをまとめてみました。

真夏の植物は?

- 盛んに光合成をして栄養をつくる。
- 根から吸い上げた水を蒸散し、気化熱で体温を下げる。
- 強い日ざしで葉焼けを起こす。
- 高温で葉や根が傷むことも。
- 休眠して乗り越える植物も。

人が手助けできること

- 遮光ネットやすだれを使ったり、日陰に移動して、直射日光を和らげる。
- 早朝と夕方に水やりをし、水切れを防ぐとともに、植物の温度を下げる。
- 風通しのよい場所に置いたり、サーキュレーターを使ったりして蒸れを防ぐ。
- 高温や強い日ざしに弱い植物は屋内の涼しい場所へ。

真冬の植物は?

- 多くは低温のため休眠したり生育が鈍ったりする。
- 霜に当たると大抵の植物は大きなダメージを受ける。
- 少しずつ低温に慣れていけば氷点下になっても耐えられる植物も多い。
- 寒さに当たることで成長のスイッチが入る植物もある。
- 地上部に動きはなくても地中で成長しているものもある。

人が手助けできること

- 寒さに弱い植物は室内に入れるなど防寒する。
- 土の上をワラや腐葉土などで覆うマルチングで保温や霜柱対策をする。

夏越しは梅雨前の作業が大事

暑さが苦手な植物や、葉や茎が茂って蒸れやすい植物は、梅雨前の切り戻しがポイント。ラベンダーの例を紹介します。

NP-M.Nishikawa

花後の枝を1/2～1/3の高さを目安に切り戻す。必ず緑の葉が残っているところで切ること。

NP-M.Nishikawa

混み合っている部分は、枝を元から切って風通しをよくする。

原産地を知れば育て方がわかる!

お店の園芸コーナーで植物を見ていると、つい衝動的に買いたくなってしまう……。そんな経験はありませんか？　でも、そういうときに限って育てるのが難しかったり、環境的にぴったり合う置き場が見つからなかったりと、家に帰ってから悩んでしまうことも。

そこで皆さんにやっていただきたいのが、「買う前にその植物の原産地を調べる」ということ。ポットや鉢にラベルがついていれば、そこに書いてあることも多いです。その植物がもともとどんなところにルーツをもっていて、**原産地**(げんさんち)*ではどんなふうに育っているのか、チェックしてほしいのです。植物のルーツやポテンシャルを知るのは、育てるうえでとても大切なことで、その環境に近づけることがその植物の基本の育て方になります。植物ごとに育て方1つ1つを覚えるのは大変ですが、原産地の環境ごとに把握しておけば、育て方の共通点が見えてきます。改良された**園芸品種**(えんげいひんしゅ)*であっても、もともとの特徴はありますし、日本の気候に合うように改良された点や、優れた点をより深く理解でき、育てるコツもつかめます。

原産地の環境をもとに、自分の家の環境とすり合わせていけば、うまく育てられる確率が上がりますから、自信をもって育てていきましょう。

＊原産地

植物がもともと自然環境下で生育している地域のこと。園芸品種でも、元になった植物が自生していた環境を好むことが多い。自生地(じせいち)ともいう。

＊園芸品種

交配や選別によって人為的につくられた植物。花色や花つき、形、背丈など、もとの植物にはなかった特徴をもつ。栽培品種とも。

たのしむ編

植物の可能性は無限大!

役割は4つ！ 鉢を1つの舞台にしよう

寄せ植えとは、1つの鉢に複数の植物を寄せ集めて植えることです。本来は同じ場所にいるはずのない植物でも、育つ環境が似ているものどうしであれば一緒に組み合わせられるのが寄せ植えのおもしろいところです。

私はこれまで植物を育てて園芸を楽しく学ぶとともに、フラワーアレンジメントや生け花の基礎も学んできたので、寄せ植えをつくる際は、植物がのびのびと育つ環境をつくるのはもちろん、植物のよさを引き立たせる組み合わせや、人の目を引く見せ方なども考えています。

寄せ植えの基本として、3種類の草花を組み合わせることが多いのですが、私はそこに1種類足し、4種類でつくる寄せ植えをおすすめしています。この4つにはそれぞれ役割があり、「**主役***」、「**準主役***」、「**脇役***」という大事な役どころに加え、もうひとつ「**大御所***」というポジションを用意しています。鉢を舞台に見立て、植物の色やフォルムで1つのお芝居が完成するような配役を組むと、どなたでも簡単にすてきな寄せ植えをつくることができますよ。

ただし、寄せ植えは成長するとどうしても窮屈になり、根詰まりしてしまいます。寄せ植えの“賞美期限”は1シーズン3か月くらいをめどと考えて、植え替えるようにしましょう。

＊主役

主張度の強い花もの。大きめの花はもちろん房咲きであればボリューム感で選ぶ。

＊準主役

主役より主張度の低い花もの。小花がおすすめ。植えつけ後に大きく育って主役より目立つものは避ける。

＊脇役

主役と準主役を引き立たせる、カラーリーフなどの葉ものや、実もの。

＊大御所

存在感のある枝ぶりが見える、背の高い植物。寄せ植えの引き締め役。

“三上流”
寄せ植えの
4つの役割

4つの役割を意識した組み合わせ

実際に4つの役割を考えながら、
寄せ植えする4株を例として選びました。
配役を少し変えるだけでも
印象の違う寄せ植えになりますよ。

4株の選び方の基本

1. 最初に**【主役】**を決める(ビオラ)。
2. 主役より小さな**【準主役】**を決める(スイートアリッサム)。
3. **【脇役】**主役・準主役の姿を引き立たせるような葉ものを(ハツユキカズラ)。
4. 全体のバランスを見て枝のラインがしっかり見える**【大御所】**を決定(コロキア'マオリ・シルバー')

配役を2株変えてアレンジ

主役と準主役はそのまま!

【脇役】をオオバジャノヒゲ'黒龍'(a)に、**【大御所】**をコプロスマ'パシフィック・サンセット'(b)に替えた。落ち着いた葉色でシックにイメージチェンジ。

脇役と大御所はそのまま!

【主役】をアネモネ(a)に、**【準主役】**をカルーナ・ブルガリス(b)に。ピンクの濃淡で華やかな印象に。

つながりを見つけ、面と線で組み立てる

植物のことは大好きなのに、“デザイン”と聞いただけで「私にはちょっと……」と腰の引ける方がおられます。お話ししてみると、センスに自信がないからとのこと。コンテストや発表会ならともかく、日常を楽しむ趣味の寄せ植えは、センスよりも、植物との暮らしを楽しみたいという思いのほうが大切です。気をつけるべきコツさえ押さえておけば、あまり深く考えずとも、すてきな寄せ植えをつくることができますよ。

寄せ植えのデザインで大事なことは、ヒント㉞の役割に加えて、“つながり”をどうつくるか。色やフォルム、質感、育ち方など、植物の特性をよく見て、共通しそうなつながりを見いだして合わせると、そこからまとまりが生まれていきます。その際、特に意識してほしいのが植物のフォルムから感じられる**面と線**＊について。広がった葉や大きな花は“面”、枝や細い葉は“線”として認識できます。面だけや線だけでは単調に見える組み合わせも、両方を入れて配置を工夫するだけで、印象的な見た目になります。

右ページにも寄せ植えの例を紹介しますが、街なかやお店などで印象的な寄せ植えを見かけたら、ぜひ“面と線”がないかどうか、注目してみてください。きっと新しい発見があると思います。

＊ 面と線

81ページの基本の組み合わせも花がまとまって群れ咲き、葉も広めなものを面（①、②）、茎や細めの葉が線状に伸びたり垂れ下がったりするものを線（③、④）として選んでいる。

面と線で考える組み合わせ

主役、準主役、脇役、大御所の
役割に加えて、
さらに「面と線」を意識してみましょう。
植える植物の数が少なくても
多くなっても基本は同じです。

シンプルな面と線

面で広がるように咲くプリムラ・ジュリアン3株に、線で垂れ下がるアイビーの組み合わせ。プリムラは三角形に配置し、中央にアイビーを置いて株間に流すことで、面と線の対比をはっきりと。3対1の組み合わせはまとまりやすい。

面
- ❶【主役】 プリムラ・ジュリアン×3

線
- ❷【脇役】 斑入りのアイビー

面と線の応用編

たくさんの植物を組み合わせる場合は、まず主役と大御所を1種ずつ決める。その後、準主役と脇役をそれぞれ複数種加えると、豪華な寄せ植えになる。面の中に線を散らすように配置すると、デザイン性が増す。

面	❶	【主役】	プリムラ・ポリアンサ
	❷	【準主役】	ビオラ(a)、宿根イベリス(b)
	❸	【脇役】	コプロスマ
線	❹	【準主役】	ユーフォルビア・レウコケファラ
	❺	【脇役】	ハゴロモジャスミン(a) オオバジャノヒゲ'黒龍'(b) アイビー(c)
	❻	【大御所】	エリカ・アルボレア

大きい根鉢は、もみほぐしや根洗いで小さく!

植物の組み合わせが決まったら、次は鉢選び。大きすぎては見栄えが悪く、小さすぎては植物がうまく育たないのが、寄せ植え用の鉢です。植えつけるポット苗をまとめて置いてみたサイズより、一～二回り大きな鉢を選ぶのが目安です。

ポットに植えられた苗をそのまま寄せ植えすると、根鉢はぎゅうぎゅう詰めでも、地上部はスカスカな仕上がりになってしまうこともあります。特に晩秋につくる寄せ植えは、低温のため地上部があまり成長しませんから、さびしい状態が長く続いてしまいます。そんなとき、パンジーやビオラのように細かな根がたくさん出て根鉢をくずしても大丈夫な種類であれば、“**ローリングもみほぐし***”で根鉢を細くして植えるのも1つの方法です。また、水を張ったバケツに根鉢を入れて、根を洗うように土だけを落とす「根洗い」もおすすめ。やさしく素早く行えば、直根性の植物でも根鉢をスリムにできます。

植えつけるときは、しっかり土を入れることを心がけてください。1つの苗を植えつけるときと違い、苗と苗の間に土を入れそびれたり、少ししか入れていなかったりすることがよくあります。特に上部の草や茎が茂っていると土の部分がよく見えないので、中のほうまで入れ忘れがないか、よく確認しましょう。

＊ ローリングもみほぐし

たくさんの寄せ植えをつくる間に編み出した、三上流根鉢のくずし方。根鉢の中央は根が回っていないことが多いので、そこに人さし指をさし込み、回しながら周囲をもんで中央の土を落とす。根鉢が細くなるので、同じ鉢でもたくさんの苗を植えられるようになる（直根性の植物では避けること）。

○ 寄せ植えづくりの基本

81ページで紹介した組み合わせで、
寄せ植えをつくってみましょう。
ポットの大きさがまちまちのときは、
大きなものから植えていきます。

鉢底石を鉢の底が見えなくなるくらい敷き、培養土を少し入れておく。

一番大きなポット苗から植える。ポットと鉢の上端がそろうよう深さを調整し、ポットから抜いて苗を置く。

ほかの苗もバランスを見ながら配置。②の苗と根鉢の上面がそろうよう、小さなポットの下には土を足し入れる。

鉢と苗の間や、苗と苗の間に土を入れる。さらに両手の指で土を押し込んで、沈んだら土を足す。

中央部分はすき間が空きがちなので、しっかり土を入れること。最後に水をたっぷり与える。

完成後の管理は……

植物が多いと土が乾くのも早いので水切れに注意を。花がらを摘んだり、切り戻しをして長く楽しもう。

hint! 37 ：寄せ植えづくり 2

木、花、芝……多肉植物をフォルムで見立てる

多肉植物を使った寄せ植えでは、私がふだん**ミニチュアガーデン***をつくるときの考え方がおすすめです。

多肉植物は種類によってさまざまな個性をもっていますが、そのなかでも見た目のシルエットに注目し、木、花、芝という3つのタイプに見立てると、美しくまとまります。「木」は茎立ちするような背の高いもの。「花」はエケベリアやセンペルビウムのように**ロゼット***状のもの。「芝」はセダムのように横に広がっていくものです。多肉植物は、春秋型、夏型、冬型とそれぞれ生育期が異なるので、寄せ植えでは同じ型でまとめるようにすると、置き場や水やりなどの管理が楽です。

出来上がった寄せ植えは戸外に置き、日光にしっかり当てるのが基本。多肉植物は根や茎を切っても丈夫なので、徒長したらバッサリ切って、作り直しましょう。

私がつくった多肉植物のミニチュアガーデン。

*** ミニチュアガーデン**

ミニチュアサイズの庭の総称。鉢の中に小さな庭をつくる箱庭の意味でも使われる。

*** ロゼット**

地中から生えたように見える、バラの花のように放射状に広がる葉の集合。多肉植物の寄せ植えではまさにバラの花に見立てる。

多肉の寄せ植え制作中。土を株の奥に入れ込むには割り箸が便利。

ジョウロを使った 多肉植物の寄せ植え

100円ショップで売っている
ブリキのジョウロも鉢になります。
水の通る穴をふさぐように
ネット入りの鉢底石を入れることで、
土が詰まらず、ハス口から排水もできます。

1 鉢底石を水切りネットに入れ、水が流れる穴をふさぐようにジョウロに入れる。

2 多肉植物用培養土を入れる。たくさん入れすぎないように注意。

3 「木」に見立てた背の高いものから順に植えていく。

／完成＼

グラプトペタルム ブロンズ姫やセダム 玉蓮が「木」、中央のエケベリア'桃太郎'や'ピーチプリデ'が「花」、手前のペトロセダム'ゴールドアンジェ'が「芝」という見立て。

完成後の管理は……

水やりをしたら、ジョウロを傾けてハス口から排水する。日当たりと風通しのよい場所に置き、株の様子を見ながら、葉に少ししわが寄ったタイミングで水やりを。伸びてきたら切って仕立て直したり、挿し木でふやしても。ブリキ製の鉢は高温になりやすいので、夏は置き場に注意を。

球根で変身！ 2段階で咲くダブルデッカー

寄せ植えのよいところは、開花している苗を使えば、つくった瞬間から美しい景色が見られることですが、そこにあえて球根も一緒に植えておくことで、花を楽しみながら球根植物の成長と開花という変化も楽しめる、ユニークな寄せ植えがつくれます。

大きな深鉢を使って、チューリップの球根を仕込み、その上にビオラやシロタエギクなどの寄せ植えをつくっておけば、秋からビオラの花が楽しめ、その間から花茎を伸ばしたチューリップが春の訪れを知らせます。この寄せ植えは、球根の上に草花を植えた2層植えになっていることから、2階建てのバスや電車を指す“ダブルデッカー”という名称がついています。3層植えにする“トリプルデッカー”も楽しいですよ。

チューリップの球根には平らな面とカーブした面がある。複数の球根を植えるときは、面の向きをそろえて植えると、葉の向きがそろってきれいに見える。

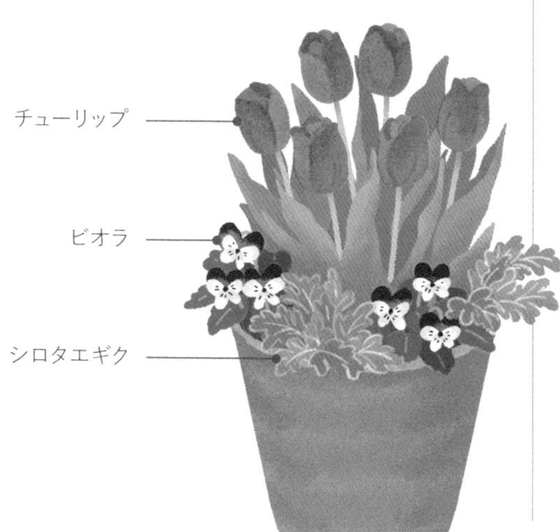

春になれば、ビオラとシロタエギクの間を抜けてチューリップが見事に咲き誇る！

ダブルデッカーのつくり方

鉢の大きさは「球根の数+2」が目安。
9号鉢ならチューリップ7球です。
地域にもよりますが
11月ごろが植えつけの適期です。

1

チューリップの球根の皮をむく。皮が腐って球根に影響が及ばないようにするのが理由。球根は、上に植えるビオラの鉢底から球根1つ分下に植える。先に位置を確認しておこう。

2

球根を植える位置まで土を入れ、球根のカーブした面の向きをそろえて並べる。これで葉の向きがきれいにそろう。

3

球根の上に土をかぶせる。球根の上に植える苗はビオラ3株とシロタエギク3株。あらかじめ鉢のまわりに置いておくと作業が楽。

4

ビオラをポットから出したら根鉢をほぐす。鉢に入りきらなければ"ローリングもみほぐし"(P.84)を。

5

ウォータースペースの位置を合わせながらビオラとシロタエギクを交互に置き、すき間に土を入れる。

＼完成／

完成。上に草花があることで、球根が地下で活動している冬にも水やりを忘れずにすむ。

完成後の管理は……

日当たりのよい場所に置き、土が乾いたら水やりを。花がら摘みも行う。チューリップの花が終わったら花茎だけを切っておくと、葉でつくった栄養が球根に蓄えられる。球根は葉が枯れたら掘り上げて涼しい場所に保管し、また秋に植えつけよう。

hint! 39 ：寄せ植えづくり 4

オージープランツで、個性的な寄せ植えを

オーストラリア原産の植物を**オージープランツ***といい、最近はお店でもオージープランツコーナーができるくらい注目を集めています。その秘密は何といっても葉や枝、花などの個性的なフォルムです。やせて乾燥した大地に育つものが多く、全般的に日本の高温多湿な夏は苦手なほか、リン酸分（P.52）をほとんど必要とせず、根がデリケートな植物が多いのも特徴です。

オージープランツで寄せ植えをつくる場合は、土壌の好みが合うオージープランツどうしを組み合わせると育てやすく、個性的な寄せ植えが楽しめます。細かな葉に可憐で鮮やかな花が目を引く初恋草（レシュノルティア）を主役に寄せ植えをつくるのもおすすめです。

＊オージープランツ

オーストラリア原産の植物の総称。カンガルーの前足のようなカンガルーポーやブラシに似た花を咲かせるブラシノキなどユニークな植物が多い。オーストラリアの土壌はリン酸分が少なく、そこに適応して生きているため、肥料はリン酸分の比率が低めのものを。

ブラシノキ

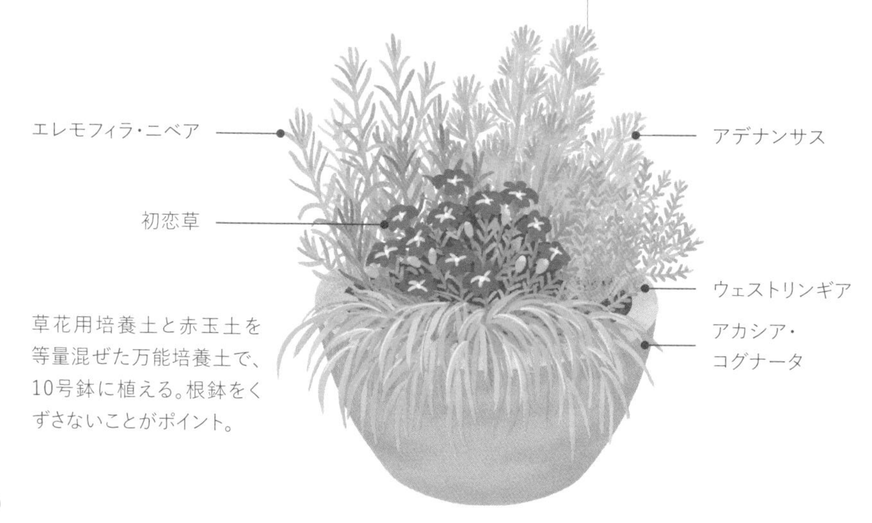

草花用培養土と赤玉土を等量混ぜた万能培養土で、10号鉢に植える。根鉢をくずさないことがポイント。

hint! 40 : 寄せ植えづくり 5

ベランダでも大量収穫! イチゴタワー

イチゴをたくさん食べたい! でも育てる場所は限りがある……。そんな方におすすめしたいのが、積み重ねられるタイプのプランターを使った省スペースのイチゴタワー栽培です。三つ又状になった専用プランターを3段組み合わせることで、自宅に小さなイチゴ農場が完成。イチゴと同じ時期に咲くハーブ(フレンチラベンダーやカモミール)も一緒に植えれば、花に集まる昆虫が受粉作業を手伝ってくれ、実つきがアップします。

イチゴの苗の植えつけでは、実がプランターの外側に垂れるように苗の向きに注意するのがポイントです。イチゴはランナーを伸ばしてふえていく性質があり、ふえた子株を切り離したもの(苗)には古いランナーがついています。果実はその反対側につくため、古いランナーが内側を向くように植えます。積み重ねたタワーで日陰になる場所ができないよう、ときどき入れ替えたり、回したりして、まんべんなく日が当たるようにしましょう。

＊ランナー

親株が子株をつくるために地上に伸ばすつるのこと。古いランナーの反対側に実がつく。

古いランナー

プランターを3つ重ねた“イチゴタワー”。イチゴの苗とともに、フレンチラベンダーやカモミールなどのハーブも。集まる虫にイチゴの受粉を手伝ってもらおう。

鉢を隠して、花壇のような景色に

植物を育てるようになると、園芸店やホームセンターの園芸コーナーに立ち寄る機会が自然とふえていきます。気に入った植物を購入しているうちに、気がつけば家のあちこちに鉢がいっぱい、という方も多いものです。鉢もこだわって集めていたはずなのに、たくさん集まるとまとまりがなく、どこか雑多な印象になるから不思議。形や色、素材の質感、デザインなど、鉢にもたくさんの種類があるので、できれば上手にまとめたいところです。

じつは私も同じでした。ベランダにどんどん鉢がふえ、どうにかしてきれいに見せることはできないだろうかと、あれこれ悩みました。できるだけ同じような鉢を選んでみたこともありますが、植物によって最適な鉢は違いますし、成長するにつれて植え替えないといけないので、そう簡単にはいきません。

そこでたどり着いたのは、日照の好みや草丈を考えて鉢を寄せて並べる**寄せ鉢**(よせばち)*をして、鉢の部分を**木製のフェンス***で覆うという方法です。これだと、鉢の素材や形がバラバラでも気になりませんし、花壇のような雰囲気も出せます。何より植物全体のまとまりに目がいくようになり、育てるモチベーションもアップするのでおすすめです。

＊寄せ鉢

寄せ植えのように同じ鉢にさまざまな植物を植えるのではなく、主に1鉢に1種類の植物を植え、それをバランスよく寄せ並べて景色をつくる手法。同じ土壌ではうまく育たない植物どうしを組み合わせることもできる。

＊木製のフェンス

高さ30cmほどの丸太などをワイヤーで連結したもの。短いものは100円ショップでも売られている。連杭ともいう。

寄せ鉢の景色づくりに挑戦!

私が実際にベランダでやっている
寄せ鉢の手法をもとに、
皆さんのご家庭でも参考にできる
ポイントを紹介します。

色とりどりの草花の寄せ鉢で飾ったわが家のベランダ。足元を100円ショップで購入した木製のフェンスで囲い、鉢を目立たなくするとともに、花壇のような見た目を演出。背の高い植物は後ろ、低い植物は手前に置き、横に伸びるタイプのローズマリーや草花で鉢を目立たなくし、立体的な"ベランダガーデン"に仕立てています。

寄せ鉢でのベランダガーデンのポイント

point 1
高さのある植物は奥へ
草丈のある植物や、高さのある鉢は後ろ側に置き、小さな鉢は手前に置いて、立体感を出す。日当たりや風通しにも配慮。

point 2
生活の動線とうまく合わせる
手前に通路を確保するとともに、窓を開ければ室内から水やりや、野菜の収穫ができるなど、生活スタイルに合わせる。

point 3
手前は木製のフェンスで覆う
寄せ鉢の手前側を木製のフェンスでぐるりと囲み、鉢を隠して花壇のように見せる。

point 4
人工芝を使って美観UP
ベランダに人工芝を敷くと、植物が映えるだけでなく、真夏の照り返しによる熱も緩和されておすすめ。

完成後の管理は……
植物ごとに好む環境や生育サイクルが異なるので、見ごろに合わせて鉢を移動したり、地上部が枯れた球根植物は背後に移したり、直射日光を嫌う植物は夏には陰に移したりと、季節ごとに置き場を見直そう。

水の吸い上げをよくして長もちさせる!

おうちで切り花を飾ると、部屋の中が華やぎますよね。玄関先やリビングなどに、育てた花を切り花で飾っている方も多いのではないでしょうか。しかし、「だめになるのが早い気がする」「花がすぐにおじぎをしてしまう」など、切り花の寿命に悩みや不満をもっている方はいませんか？　そんな方にお伝えしたいのが、切り花のもちをよくするためのひと工夫です。

植物が水を吸うのは根からで、浸透圧によって水はどんどん根の中に入っていきます。そうして植物体内を潤しながら、余分な水を蒸散させるため、吸い上げた水は葉や花に向かっていくわけです。切り花には根がありませんが、浸透圧や蒸散による吸い上げる力は働くので、茎の中の水の通り道である**道管**(どうかん)*から直接水が吸い上げられ、葉や花へ向かいます。そのため、しばらく枯れずにいてくれるのです。

この水の吸い上げのよさが花の長もちにつながるのですが、切り花を空中で切ると、道管の中に空気が入ってしまい、空気が邪魔をして水をうまく吸い上げられません。そこで、バケツなどに張った水の中で茎を切り、道管に空気が入らないようにします（水切り）。さらに、そのまま1時間ほど切り口を水に浸けておくことで、スムーズに水が上がるようになり、切り花を長もちさせることができます。

＊道管

植物の茎や枝の中にある長い管状になった水分の通り道。

切り花を長もちさせる切り方

植物の水上げ能力を
アップする方法を紹介します。
よく切れるハサミと、
たらいやバケツなど、
水を張れる大きな容器を用意しましょう。

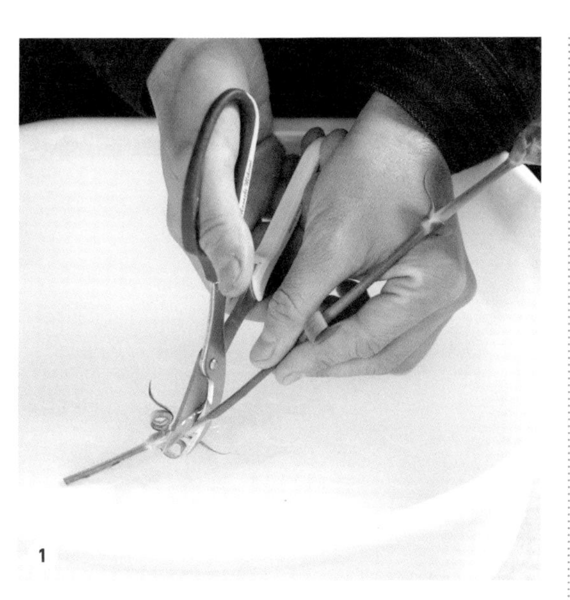

1

容器に水を張り、茎を水中で切る。水替えの際は再び水中で茎を切り、新しい断面にすると長もちする。

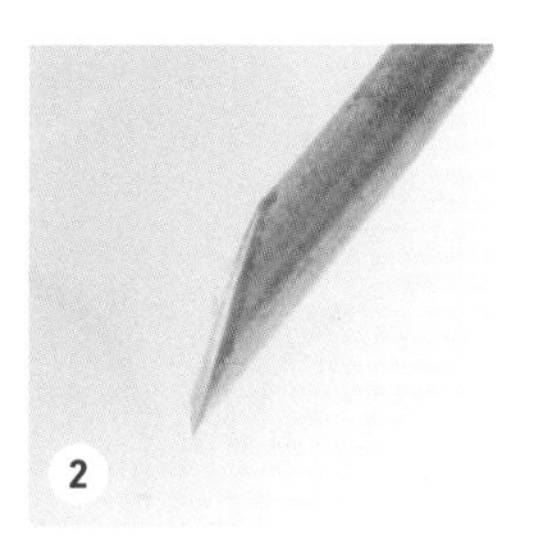

2

カーネーションのように茎がしっかりしているものは、斜めに切って断面を広くすると、水を吸い上げやすい。

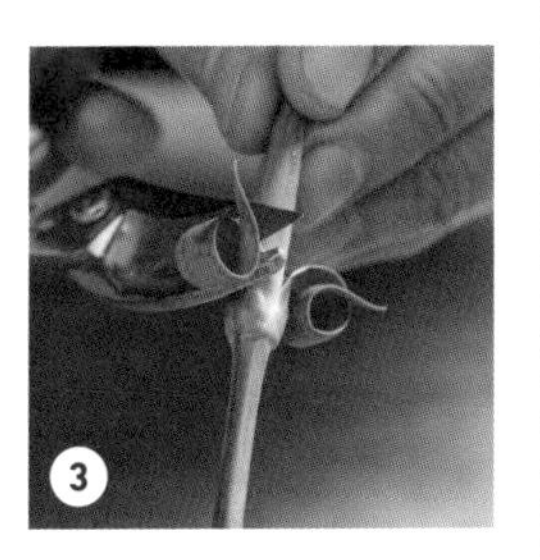

3

水に浸かる葉は腐りやすいので切り取る。

アジサイはもうひと手間かけて!

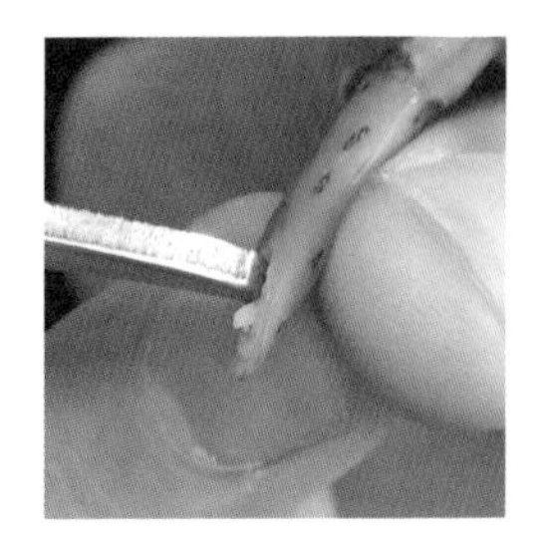

アジサイは枝の中心がワタ状になっていて、そのまま水にさしても吸い上げが弱くなりがちです。水中で枝を斜めに切ったあと、ハサミの先などで中心のワタをかき出すと、水の上がりがぐっとよくなります。

花房の先端だけ切り、水を張った皿に並べても。ケーキスタンドにのせればアジサイタワーの完成!

銅のワイヤーが花を支え、水もきれいに保つ

切り花を飾ろうと思ったら、複数の花の入った花束を買ってくるべきでしょうか？　いえいえ、花が1輪あるだけでパッと華やかになるものです。しかし、花瓶や一輪挿しが家にないという方もいるでしょう。そんな方にお伝えしたいのが、このテクニックです。透明なコップと100円ショップやホームセンターで売っている銅のワイヤーがあれば、誰でも簡単に、おしゃれな一輪挿しをつくることができます。

方法は簡単！ コップの中にくしゃくしゃにした銅のワイヤーを入れるだけ。水を張るとそれだけでキラキラと輝き、ワイヤーによって茎が固定できるので、広口のコップでも斜めにならず、まっすぐ立って見た目もきれい。しかも、**銅イオン***の抗菌効果も期待でき、水を清潔に保ちやすいというメリットもあります。

切り花がだめになるのは、水が濁り、雑菌が切り口をふさいでしまうことも原因。水を清潔に保つことで、切り花は長もちします。

銅のワイヤーは細すぎると茎を固定しきれず、太すぎると曲げづらいので、直径1mmほどの太さがおすすめです。

＊ 銅イオン

銅の分子が水の中に溶け出した状態のもの。微量金属作用で細菌類の活動を抑える効果がある。

水は、
できれば毎日、
少なくとも3日に
1回は替えましょう！

銅のワイヤーを使った切り花の飾り方

銅のワイヤーを使った
切り花の一輪挿しをつくってみましょう。
切り花はP.95で紹介した方法で茎を切り、
葉が多ければ減らしておきます。

切り花（今回はカーネーション）1輪、生けるコップ、銅のワイヤー3〜4m（太さ約1mm）を用意。

ワイヤーを手でくしゃくしゃに曲げる。曲げ方に決まりはないので、自由な形に。

曲げたワイヤーをコップの中に入れる。

ワイヤーの間を縫うように切り花の茎を挿し、コップの中央に立てる。

水さしなどでコップに水を注ぐ。

＼完成／

ワイヤーに支えられ、コップの中できれいに自立する。

切り花を長もちさせるそのほかの方法

ワイヤーを使わずに花を長もちさせるなら、花瓶の水に塩素系漂白剤を1滴入れると雑菌の繁殖を防げる。また、200mℓの水に小さじ1杯の砂糖を入れると栄養補給になり、長もちする。どちらも入れすぎると逆効果なので、量に注意しよう。

蒸れ防止に切り戻し、アレンジメントの素材に

母の日の定番、カーネーション。鉢花としても人気で、花いっぱいの鉢植えをもらったり、育てたことのある方も多いと思います。カーネーションは南ヨーロッパや西アジア原産の四季咲きの多年草ですが、日本では夏の高温多湿で弱ることが多い花。それを防ぐには、まだ花が残っていたとしても、梅雨前に切り戻すのがポイントです。

せっかく咲いてくれたのですから、切った花は、アレンジメントで楽しみましょう。切り戻しで出る茎の短い花だからこそ水の吸い上げもよく、長もちします。カーネーションと組み合わせる草花も、ぜひ育てている花を使ってみてください。

＊ 吸水フォーム

水を含ませてから切り花を挿し、自由にアレンジできるスポンジ。オアシスとも呼ばれる。

○ 切り戻しカーネーションのアレンジ

❶ 花器（マグカップなど）に湿らせた吸水フォームを入れる。

❷ カーネーションで骨格をつくる。真上から見たときに三角形をたくさんつくるようなバランスで挿す（写真は2色使用）。

❸ すき間に葉もの、実もの、小花（写真はユーカリ、ヒペリカム、カスミソウ）を挿して全体を埋める。高低差が出るようにバランスよく挿していく。

❹ アイビーを挿してぐるりと一周させたら完成。

サボテンのかわいい姿をコケ玉風に

小型のサボテンを**コケ玉***のようにおしゃれに飾って手元で楽しみたい……。そんなニーズを満たす、サボテン玉を考えました。コケ玉は粘土質の土を使いますが、サボテンには水はけが悪く適しません。生きたコケもサボテンとは好む水気と湿度が違いすぎ、一緒に育てるのは困難です。そこで使うのが、麻布（あさぬの）と**乾燥ミズゴケ***。麻布ならサボテン用の水はけのよい土（三上流万能培養土でも）を包み、玉にすることができます。通気性もよく、サボテン栽培にぴったりです。水やりは、乾いて軽くなったら水を張った容器にドボンとつければOK。さらに、麻布は土の中で分解されるので、そのまま庭に植え込むこともできます。多肉植物でも作れますよ。

＊コケ玉

草木の根をケト土などの粘土質の土で包み団子状にし、周囲に生きたコケを巻きつけたもの。

＊乾燥ミズゴケ

ミズゴケというコケの一種を乾燥させたもので、ランの植え込み材としても使われる。一晩水に浸して吸水させたあと、しっかり絞って使う。

○ おしゃれなサボテン玉

M.Mikami

❶ つくりたい大きさに合わせて麻布を正方形に切り、水でもどしておいたミズゴケを薄く敷く。
❷ 中央に湿らせた培養土を山型に盛り、鉢から抜いたサボテンを植える。
❸ 麻布でミズゴケごと培養土を包み込み、サボテンの株元でまとめ、麻ひもでしっかり巻いて留める。
❹ はみ出た麻布をハサミで切って形を整え、完成。

シクラメンは水耕栽培で水やりの不安を解消！

真冬にきれいな花を咲かせるシクラメン。地中海地方が原産の球根植物で、寒さに強いガーデンシクラメンを除くと日本の冬は本来の環境よりも寒すぎます。では、室内に入れればよいかというと、暖房による乾燥や水やり不足で、花がしおれてしまったり、水のやりすぎで球根が腐ってしまうことも。

そこで、室内の窓辺でおしゃれに楽しみ、水やりの問題も解決する秘策として、シクラメンなら水耕栽培が可能です。底穴のないガラス容器に、土をきれいに洗い落としたシクラメンをハイドロボールと呼ばれる**発泡煉石**＊で植えつけ、水を入れて育てる方法です。室内に土を持ち込むのが気になる方にも向いています。水を張って管理するため、水の腐敗を防ぐ効果のある**珪酸塩白土**＊を底に敷いておくと安心です。10〜11月、最低気温が10℃を下回る前に植えつけておけば、冬の間、室内でシクラメンの花を楽しめますよ。

この水耕栽培の方法は、ヒヤシンスやムスカリなどのほかの球根植物や、多くの観葉植物でもできるのでおすすめです。

根を洗う水は冷たすぎると根がダメージを受けてしまうので常温の水を使い、できるだけ素早く作業しましょう。

ここがシクラメンの球根。球根の上部に芽があるので、土から出るように植える。

＊ 発泡煉石

粘土を球状に丸めて高温で焼き固めた多孔質の石。通気性と保水性が抜群で水耕栽培にぴったり。レカトンとも呼ばれる。

＊ 珪酸塩白土

秋田県の八沢木という地域でのみ採れる白い粘土。多くのミネラルが付着してできており、水や土を浄化する作用がある。根腐れ防止剤としても使用される。

ミニシクラメンの水耕栽培

ミニシクラメンなら、
植えられていたポットと同程度の
小さなガラス容器で手軽につくれます。
ワイングラスに植えてもすてきです。

1 ミニシクラメンをポットから抜き、古い根や枯れた下葉、ゴミなどを取り除く。

2 水を張った容器に根鉢を浸し、やさしく根を洗うようにして土をしっかり落とす。

3 ガラス容器の底一面に珪酸塩白土を敷き、容器の3分の1まで発泡煉石を入れる。

4 球根の部分を持って苗を容器の中央に据え、発泡煉石を足し入れる。

5 発泡煉石はわずかに球根が顔をのぞかせるくらいまで入れればOK。

＼ 完成 ／

はじめは水を容器の半分ほどまで入れておく。入れすぎは根腐れのもとになる。

完成後の管理は……

日の当たる窓辺に置いて管理する。だんだん水が減っていくので、そのつど足し、常に容器の3分の1程度に水が入っているようにする。肥料は、開花中に水耕栽培用の肥料を与える。

：再生野菜

捨てないで！ その野菜、再生させてみよう

料理で使った野菜の切れ端、捨てていませんか？ それはもったいないです！ **成長点***の残っている野菜なら、水に浸けるだけで簡単に再生できますよ。成長のようすも楽しく、ちょっとした料理にも使えて、とても便利です。

特に簡単でおすすめなのがトウミョウ（豆苗）と細ネギ（万能ネギ）。これらは根のついた状態で販売されているので、食材として使ったあと、根を水に浸しておくだけで、新しい芽や葉がぐんぐん伸びてきます。トウミョウは根元のわき芽を残した位置で、細ネギは緑の部分が少し残る位置で切るようにしましょう。

日々の管理は、容器と水を清潔に保つのがポイント。水耕栽培の場合、根はすべて水に浸かると呼吸ができなくなって根腐れを起こしやすくなるので、一部分は空気に触れるようにしておくことが大切です。窓辺に置いて日光に当て、光合成もさせましょう。水と日光だけで、しっかり再生してくれますよ。

ちなみに、ニンジンやダイコンなどのような根菜類でも、葉の部分の成長点が残っていれば、根菜部分を水につけることで葉が出て、ちょっとした彩りなどに使うことができます。切り口が浸かるくらいの水量で、こまめに水を替えて清潔な状態を保つようにしましょう。

＊ 成長点

植物の根や茎の先端にある細胞分裂の活発な部分。細胞をふやして根や茎、花などの器官をつくる。

ペットボトルを使った水耕栽培容器

ペットボトルの上部をハサミでグルッと切る

上側をひっくり返して重ねる。上部に植物をセットし、下部に水をためて育てる。

野菜の切れ端を再生させてみよう!

比較的簡単に再生できる
トウミョウと細ネギを
水耕栽培してみましょう。
根のある植物からトライすると
成功しやすいのでおすすめです。

トウミョウの場合

M.Mikami

そのまま容器に入れ、根の下半分が浸るくらい水を入れる。必ず根が空気に触れて呼吸できるようにする。

M.Mikami

毎日水を交換し、1週間ほどで、ここまで伸びた。2回は再生できるので、ぜひ捨てずに育ててみて。

細ネギの場合

M.Mikami

ペットボトルを使った水耕栽培容器(左ページ参照)の飲み口部分に細ネギをセット。根の下半分ほどが水に浸かるようにする。

M.Mikami

約2週間後、青い部分が伸びてきた。根がすべて水に浸からないように注意しながら、毎日水を交換し、清潔に保つ。

ほかにもできる、水耕で再生野菜!

しっかり根のついているミツバのほか、コマツナ、チンゲンサイ、ミズナなどの葉もの野菜も水耕栽培で再生可能です。根が大きく切られてしまっていても、少しでもつけ根部分が残っていれば(写真)、そこを水に浸けておくことで新たに根が出てきて、葉も再生します。それらもペットボトルを使った水耕栽培容器にセットして、つけ根部分だけを水に浸けるようにしていればOK。簡単に再生できますよ。

M.Mikami

ハーブティーなら、おいしく大量消費できる!

自分でハーブや野菜を育てる楽しみの1つは、なんといっても「新鮮なものを収穫して、すぐに食べられること」ですよね。ただ、植物によってはうまく育ちすぎて、消費が追いつかないということも。

うれしい悲鳴ではありますが、食べきれずに伸び放題になり、葉や茎が堅くなって食べられなくなってしまってはもったいないですから、大量消費のレシピを知っていると便利です。例えば、ハーブ類は、お湯を注ぐだけのフレッシュハーブティーにするとたくさん使え、しかもおいしくて香りでリフレッシュでき、重宝します。ピンチ(摘芯)によってわき芽が伸び、収穫量がふえるので、ピンチした葉をハーブティーにすれば、作業のあとのごほうびとして楽しめますよ。

ハーブティーと聞くと、ミントやレモンバーム、カモミールなどが浮かぶと思いますが、それらはもちろんのこと、意外なところではバジルやローズマリーも摘みたてをティーにするととてもおいしいので、おすすめです。大量消費できて、自家栽培だからこそ味わえる香りは格別ですよ。

また、バジルなどのハーブやミニトマトの保存にも使えるのが、乾燥させておく方法です。一気に消費できないときに活用しましょう。

バジルを切るときは、わき芽のある節のすぐ上で。伸びた枝からまた収穫できる。

ハーブや野菜、大量消費のコツ

家にあるもので簡単にできる
大量消費のコツを紹介します。
フレッシュなうちに食べきれない場合は、
ぜひ参考にしてみてくださいね。

フレッシュバジルティー

M.Mikami

つくり方

1／バジルの葉(切り戻したときの葉や、そのまま育つと堅くなってしまいそうな葉)をたっぷり用意して軽く洗う。
2／バジルの葉をちぎりながらティーポットに詰める。
3／熱湯を注いでふたをし、3〜5分間蒸らしたら出来上がり。アイスティーにするのもおすすめ！
＊ほかのハーブでも同様につくれる。

電子レンジで乾燥野菜

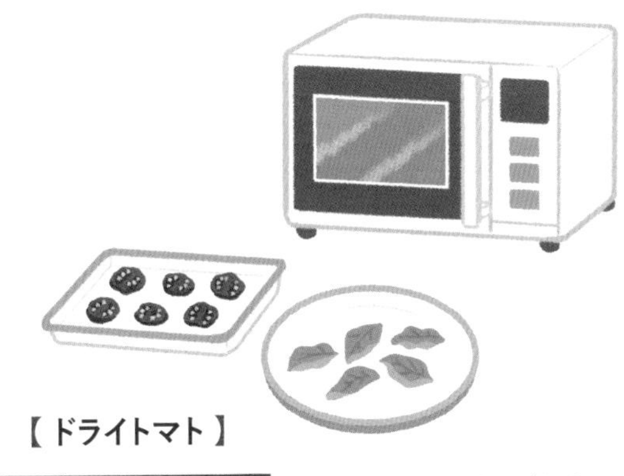

【ドライトマト】

つくり方

1／ミニトマトをスライスし、耐熱皿の上に並べて電子レンジ(600W)に15分間ほどかける。途中、何度か扉を開けて水蒸気を逃がすか、5分ごとに取り出して冷ますと水分が飛びやすい。
2／セミドライの状態でOK。オリーブオイルと混ぜて冷蔵庫で保存。トマトのうまみがギュッと凝縮して、パスタやスープなどに入れるとおいしい。

【乾燥バジル】

お店で売っているようなドライハーブが、家で簡単につくれます。

つくり方

1／バジルの葉を軽く水洗いしてキッチンペーパーで水気を拭く。耐熱皿に重ならないように並べる。
2／電子レンジ(600W)に2〜3分間かける。葉の大きさや電子レンジによって加熱の具合に差があるため、はじめてつくる場合は10秒ごとに止めて確認すると安心。冷めたらポリ袋に入れ、細かく砕いて冷蔵庫で保存。

鉢を積み重ねて、草花でゴージャスに

植物を育てていると、知らず知らずのうちにどんどんふえていく鉢。植物を育てられる場所が限られている方にとっては悩ましい問題ですよね。狭いスペースでも立体的にたくさんの鉢植えを育てられたら……。そこで考えた栽培方法が"鉢タワー"です。文字どおり、鉢をタワー状に積み上げる手法ですが、草花でもハーブでも、観葉植物でも自由に植えられ、高さがあるので、下に垂れるような植物もきれいに飾ることができます。

鉢を積み上げる数は支柱の高さによって調整できますが、高くなる分だけ不安定になるので、上に重ねる鉢は4～6号鉢で4段くらいがおすすめです。支柱が通るよう、鉢底に大きめの穴が開いているものを使います。なお、一番下の鉢は支柱や上の鉢を支えるため、深く大きなもののほうがよく、9～10号の深鉢を使い、鉢底石や土もしっかりと重量のあるものを選ぶとよいでしょう。それでも、台風などの強風が予想される場合は、あらかじめ積み重ねた鉢を支柱から外しておくと安心です。

また、そこまで高くしたくない場合は、大きな鉢の中に小さな鉢を積み上げる方法もあります。まるでケーキのような立体的な寄せ植えになり、おすすめですよ。

ストックとアイビーの鉢タワー。

鉢を重ねて寄せ植えを楽しもう!

余っている鉢を組み合わせ、
植物を立体的に楽しむ方法を
2つ紹介します。

鉢タワー

9〜10号鉢を土台に、支柱を使って4〜6号鉢を重ねる鉢タワーです。❶〜❹の順につくりましょう。

水やりは上の鉢から順に1鉢ずつ。土が流れ出さないよう、ウォータースペースをしっかりとって植える。

❹下の鉢にのるように上の鉢をセットし、同様に植える。植物の種類をそろえると、日当たりや水やり、肥料などの管理が楽。

❸底穴が大きめの4〜6号鉢を上から支柱に通し、傾けて少し埋めて安定させ、花苗を植える。

❶9〜10号鉢に、中央をあけて花苗を植えつける。土台となるので鉢底石や用土は通常の重めのものを使用する。

❷支柱を鉢底につくまでしっかり挿す。

立体ケーキ寄せ植え

12号の浅めの鉢に、5号鉢を重ねて立体的に。ウモウケイトウを使うとケーキのような見た目に!

M.Mikami

中央の鉢の高さで寄せ植えの雰囲気が変わる。少し埋めて安定させる。

中央に5号鉢を置くことで、下の段にはリング状に4号(約12cm)ほどの奥行きの植えつけスペースができる。

ポトス本来の葉が見たければ、上へ伸ばそう

ライムグリーンの葉に、明るい斑がきれいなポトス。鉢に入ったものや、吊り鉢で枝垂れるように育てたものなど、観葉植物としておなじみの植物です。ところが、原産地では、大きな葉に、ところどころ切れ込みの入ったワイルドな姿をしていることをご存じでしょうか？　本来のポトスは熱帯雨林の中で高木をよじ登り、上に行くにつれて大きな葉を茂らせるようになります。

つまり、私たちがふだん見慣れているポトスは“赤ちゃん”のような状態で、巨大に育つポテンシャルを隠したまま観葉植物売り場のレギュラーメンバーに加わっているのです。

では、その秘めた力を発揮させるにはどうすればいいのか？　それは、原産地と同じように、上に登っていく環境をつくればよいのです。そこで、比較的入手しやすい**ネット支柱***と呼ばれる網目になった筒状の支柱を使い、中に水で戻しておいたミズゴケを詰めて、簡易的な樹木の役割を担ってもらいます。ポトスは成長すると**気根（きこん）***が出て、これが樹木の皮やくぼみなどをつかんで上へ登っていきます。気根からも水分や養分を吸収するので、水分を含んだミズゴケはぴったり。ポトスが伸びたらビニールタイなどで伸ばしたい方向へ**誘引（ゆういん）***し、本来の姿へ育てていきましょう。

＊ ネット支柱

着生植物を育てる際に使われることの多い、木生シダ植物のヘゴを模した網目状の筒。プラヘゴとも。ヘゴはワシントン条約の対象になっているため入手が困難。

＊ 気根

土の中ではなく、空気中に出ている根。呼吸や吸水といった本来の根の役割のほか、樹木などによじ登る際の体を支える役目も果たす。

＊ 誘引

植物の茎や枝、つるを支柱などに結びつけて固定すること。

ポトスタワーをつくる!

小さな葉で育つポトスを
本来の姿に変えるには、
上に伸ばすことです。
ネット支柱を使った
ポトスタワーのつくり方を紹介しましょう。

ポトスタワーの構造

ネット支柱（長さ90cm）の地上に出る部分には、吸水後にしっかり絞ったミズゴケを詰める（土中にミズゴケが入ると腐りやすいため地上部のみ）。

8号鉢

ネット支柱に割りばしを十字に挿し、鉢の内側にぴったりつけて安定させる。支柱の内部にもしっかり土を入れる。

これから伸びていこうとする小さめの株を選ぶ。すでに成長して、つるが長く垂れている株は葉が大きくなりにくい。株が密集している場合は、株分けして植える。

成長したポトスタワー。生育旺盛なので、数か月でネット支柱の上まで到達した。

植えつけ後の管理は……

直射日光を避け、窓辺やその近くの明るい場所で管理。鉢土への水やりだけでなく、ときどき葉にも霧吹きで水をかける。その際、ミズゴケにも水をかけて湿らせる。

気根が入り込んだ場所を中心に霧吹きでミズゴケを湿らせる。

あとがき

「園芸って楽しい！」

今そう思ってくださっていたら、これほどうれしいことはありません。

園芸の魅力をもっと知ってほしい。その一心で園芸デザイナーとして活動していた折、この書籍出版のお話をいただき、私の経験を踏まえて、園芸を趣味として楽しんでいただける、わかりやすい本を目指しました。これから園芸を始める方にはその一助に、そして園芸がお好きな方にはより魅力が深まり、楽しみ方を広げていただける一冊となれましたら幸いです。読んでくださった皆さま、刊行に携わってくださった皆さま、心より感謝いたします。

園芸は人生と一緒で、マニュアル通りにはいかないものです。しかしそれこそが園芸の醍醐味であり、最大の魅力だと私は思っています。失敗してもいいんです。失敗から学んで、次にうまくいったときの喜びはひとしおで、それは園芸を楽しんだものだけが味わえる特権といえます。

この本を通してお伝えしたかったことは、園芸とは、人が植物を“育ててあげる”のではなく、人が植物に寄り添い“ともに生きていく”ものだということ。そして、それが園芸上達への最も近道であると感じています。

植物から教わることも多々あります。見た目は完全に枯れてしまい、芽吹くはずの時期にも全く変化がないため「もうダメか」と思っていたら、あるとき突然芽吹き、むしろ以前より力強く、驚くほど立派に花が咲いたこともあります。その姿にハッと気づかされ、諦めてはいけない、見えているところだけで判断してはいけないと教えられたものです。

もともと原産地では人の手がなくとも植物自身で生きていけるほどの生命力をもつわけですから、私たちはよりよく生きられるよう、あくまでもその手助けをしているだけ。同じ植物でも育てる環境が違えば、育て方は変わります。大切なのは、どうしてそのように育てるべきなのか理由を知ることで、それがわかれば、どんな植物だって自分で答えを導き出して、うまく育てられるようになるものです。

それがこの本で"ヒント"という言葉を使った理由でもあります。育て方のマニュアルは絶対ではありません。ぜひこの本のヒントをもとに、皆さま自身の育て方を確立していってほしいのです。一緒に寄り添って生きていけば、植物は必ずそれに応えてくれますから。

園芸は老若男女問わず、どなたでもすぐに始められ、いつまでも楽しむことのできる世界共通の最高の趣味だと私は思っています。この本をきっかけに皆さまの"趣味の園芸"がより豊かなものとなりますよう、心より願っております。

三上真史

Masashi Mikami's **How to Start "Shumi no Engei"**

三上真史の趣味の園芸のはじめかた

育てる&楽しむ50のヒント

2023年4月20日　第1刷発行

著者／三上真史

発行者／土井成紀

発行所／NHK出版
〒150-0042　東京都渋谷区宇田川町10-3
TEL 0570-009-321(問い合わせ)
TEL 0570-000-321(注文)
https://www.nhk-book.co.jp

印刷／凸版印刷

製本／凸版印刷

ISBN　978-4-14-040306-8　C2061　Printed in Japan

デザイン／山崎友歌(Y&Y design studio)

アシスタントデザイン／羽柴亜瑞美

撮影／大泉省吾
安部まゆみ、伊藤善規、今井秀治、
入江寿紀、岡部留美、上林徳寛、桜野良充、
高山博好、竹田正道、竹前 朗、田中雅也、
筒井雅之、成清徹也、牧 稔人、西川正文、
蛭田有一、福田 稔、丸山 滋、丸山 光、
渡辺七奈

イラスト／内藤あや

校正／木水佐智子(ケイズオフィス)

DTP協力／ドルフィン

取材協力・写真提供／西川綾子、
ワタナベエンターテインメント、
NHKエデュケーショナル

撮影協力／オザキフラワーパーク
〒177-0045
東京都練馬区石神井台4-6-32
https://ozaki-flowerpark.co.jp

編集協力／小林 渡(AISA)、倉重祐二

編集／渡邉倫子(NHK出版)